零基础学编程

树莓派和Python

金学林 著

电子工业出版社
Publishing House of Electronics Industry
北京·BEIJING

内 容 简 介

未来是计算机和机器人的世界。软、硬件编程将成为未来世界重要的一项技能。

通往山巅的技术之路有无数条,每条路的方式和难度都不一样。本书给零基础的读者指明了一条清晰适合的路径,采用通俗易懂的讲解方式,将软、硬件结合,并利用新奇、有趣的案例来激发读者的兴趣,让读者跨过进入编程世界的第一道门槛。

本书适合零基础而又想学习编程的任何人,可作为小学高年级,以及初、高中学生课外编程或机器人兴趣班的学习辅导书,也可作为树莓派电脑编程学习的入门指导书籍。

未经许可,不得以任何方式复制或抄袭本书之部分或全部内容。
版权所有,侵权必究。

图书在版编目(CIP)数据

零基础学编程:树莓派和 Python / 金学林著. —北京:电子工业出版社,2018.7
ISBN 978-7-121-34344-5

Ⅰ. ①零… Ⅱ. ①金… Ⅲ. ①软件工具-程序设计 Ⅳ. ①TP311.561

中国版本图书馆 CIP 数据核字(2018)第 115585 号

责任编辑:石 倩
印　　刷:三河市鑫金马印装有限公司
装　　订:三河市鑫金马印装有限公司
出版发行:电子工业出版社
　　　　　北京市海淀区万寿路 173 信箱　邮编:100036
开　　本:787×980　1/16　印张:13.75　字数:270 千字
版　　次:2018 年 7 月第 1 版
印　　次:2018 年 11 月第 2 次印刷
定　　价:49.00 元

凡所购买电子工业出版社图书有缺损问题,请向购买书店调换。若书店售缺,请与本社发行部联系,联系及邮购电话:(010)88254888,88258888。

质量投诉请发邮件至 zlts@phei.com.cn,盗版侵权举报请发邮件至 dbqq@phei.com.cn。
本书咨询联系方式:010-51260888-819,faq@phei.com.cn。

前　　言

万事有果必有因。

这本书能够和大家见面，也是因为数个偶然。

最早的起因，是笔者想写一个培训教程，帮助小学生来学习编程。在给他们做培训的过程当中发现，从零基础开始学编程缺少一个合理而清晰的学习路径，因此笔者就在思索，如何能够更有效地开始学习编程。

计算机技术发展到现在，可以说学习资料和教材浩如烟海。一个零基础的学生，该如何选择一条适合自己的学习路径，从而轻松跨过进入编程世界的第一道门槛。这是一件非常困难的事情。

选择太多，对于初学者来说并不是一件好事。一条清晰的学习路径，相对平缓的学习难度曲线，每一个步骤都有详细说明，丰富的程序例子，尽量多的截图，这些都是笔者所设想的教程特色。

真正促使笔者将这些想法落实到行动上的触发点，是笔者有一个上幼儿园的儿子，姑且不管这些教程对别人有没有作用，至少可以作为培养儿子的资料，就当是教育投资也好啊。

笔者写完大概 10 小节的内容之后，就尝试着将这些教程发布到多个自媒体平台，没想到收获了很多粉丝的赞同和认可，有了读者们的鼓励和支持，笔者就更有动力继续编写下去了。后续又发布了更多的教程，没想到受到了电子工业出版社石倩老师的认可并向笔者约稿，因此才有了此书的面世。

不忘初心，方得始终。笔者的初心很简单，希望能够给零基础的初学者一些建议和指导，能够跨过学习编程的第一道门槛，站上编程世界的第一级台阶。如果有读者觉得达到了这个目的，笔者就觉得不虚此行了。

本书主要内容：

- 从编程环境入手，通过安装树莓派电脑掌握基础知识。
- 通过安装 Python 以及编写第一个 Hello World 程序来学会如何编写代码和运行程序。
- 学习 Python 的基础语法和编程思路。
- 引入一些可以用于树莓派 GPIO 接口控制的传感器零件，学会组装连接、控制运行。
- 将多个零件组合，代码融会贯通，完成一个基本的功能。

不矫情，但还是要说很多感谢的话。

感谢爱人的支持，将家里安排得很好，让我没有后顾之忧。感谢老朋友老赵的支持，他给了我很多建议。感谢石倩编辑的认可和鼓励，多次耐心的沟通和讨论，负责认真的审稿。感谢出版社的各位编辑老师，你们的辛勤工作值得更多的感谢！

因本书中有需要读者动手组装的课程，只看文字并不容易理解，后续笔者会陆续将其制作成视频上传至个人网站（www.code66.cn）。如果读者有任何意见或建议，欢迎加入交流 QQ 群（603559164）。

作者

轻松注册成为博文视点社区用户（www.broadview.com.cn），扫码直达本书页面。

- 下载资源：本书如提供示例代码及资源文件，均可在 下载资源 处下载。
- 提交勘误：您对书中内容的修改意见可在 提交勘误 处提交，若被采纳，将获赠博文视点社区积分（在您购买电子书时，积分可用来抵扣相应金额）。
- 交流互动：在页面下方 读者评论 处留下您的疑问或观点，与我们和其他读者一同学习交流。

页面入口：http://www.broadview.com.cn/34344

目　　录

第 1 章　编程基础知识和环境准备 1
  1.1　零基础的小白能学会编程吗 2
    1.1.1　为什么要学编程 2
    1.1.2　兴趣是最好的老师 3
    1.1.3　为什么零基础的自学编程者，大多半途而废 3
    1.1.4　有趣好玩很重要 4
    1.1.5　家长带着孩子一起学是最好不过的 5
    1.1.6　当你决定出发的时候，最困难的一部分已经完成了 5
    1.1.7　计划的重要性 6
  1.2　700 元的电脑真的可以学会编程 6
    1.2.1　计算机（电脑）的历史 6
    1.2.2　硬件和软件 7
    1.2.3　操作系统 7
    1.2.4　硬件选择 8
    1.2.5　准备材料 11
    1.2.6　如果已经有一台电脑了，怎么办 12
  1.3　十分钟组装一台可编程电脑 12
    1.3.1　给树莓派 3 主板安装散热片 12
    1.3.2　将树莓派 3 主板安装到亚克力外壳中 15
    1.3.3　接好移动电源 18
    1.3.4　接好显示器 19
    1.3.5　接好键盘和鼠标 20
    1.3.6　进入系统 21

1.3.7 关机，分解装箱 22
1.4 如何编写人生的第一行代码：Hello World 23
 1.4.1 如何开机 23
 1.4.2 认识 LX 终端 23
 1.4.3 编写第一个 Python 程序 28
 1.4.4 设置网络 30
 1.4.5 访问互联网 31
 1.4.6 使用 Text Editor 文本编辑器输入英文 32
 1.4.7 学会输入中文 34
 1.4.8 关机 36
 1.4.9 如果已经有一台电脑了，怎么办 37

第 2 章　Python 编程语言基础 40

2.1 加法计算器 41
 2.1.1 直接在 Python 环境输入代码并运行 41
 2.1.2 变量、赋值操作符、输入函数、参数、字符串、输出函数 42
 2.1.3 了解加法计算器代码 44
 2.1.4 字符串和整数是不同的数据类型 45
 2.1.5 将 Python 代码放到文件中 46
 2.1.6 执行 Python 程序文件 47
 2.1.7 参考加法计算器的代码创建类似程序——减法计算器 48
2.2 四则运算器 50
 2.2.1 0 和 1 的世界 51
 2.2.2 布尔类型——Ture 和 False 52
 2.2.3 逻辑运算符——and、or 和 not 52
 2.2.4 if 判断语句 53
 2.2.5 用 if 语句判断输入的符号 55
 2.2.6 测试程序 57
2.3 功能更丰富的四则运算器程序 59
 2.3.1 增加注释行 59
 2.3.2 让程序来判断输入的结果是否正确 61
 2.3.3 让程序来出计算题目吧 62
2.4 计算日期所属星座 64

- 2.4.1 输入月份和日期 64
- 2.4.2 检查月份和日期是否正确 65
- 2.4.3 如何判断所输入的日期对应哪个星座 66
- 2.4.4 如何测试到每一种情况 69
- 2.5 Python 循环语句 69
  - 2.5.1 什么是循环 69
  - 2.5.2 while 循环的语法 70
  - 2.5.3 从 1 加到 100 求和 71
  - 2.5.4 从 1 开始，连续 100 个奇数相加的结果是多少 72
  - 2.5.5 从 2 开始，连续 50 个偶数相加的结果是多少 73
  - 2.5.6 从 1 月 1 日到 12 月 31 日的每一天分别是什么星座 73
- 2.6 循环的更多用法——斐波拉契数列 77
- 2.7 练习使用循环和判断语句 79
  - 2.7.1 已知 2017/1/1 是星期天，输出 2017 年每一天是星期几 79
  - 2.7.2 输出 2016 年的每一天是星期几 82
  - 2.7.3 输入一个年份，判断是闰年还是平年 83

第 3 章 Python 编程语言进阶 87

- 3.1 列表类型 88
  - 3.1.1 认识列表类型 88
  - 3.1.2 访问列表中的值 88
  - 3.1.3 更新列表 89
  - 3.1.4 追加列表元素 89
  - 3.1.5 删除列表元素 89
  - 3.1.6 如何遍历列表 89
  - 3.1.7 使用更简单的方法实现"输入数字 1～7，判断是星期几" 91
  - 3.1.8 改造星座判断程序 91
- 3.2 数据类型转换 95
  - 3.2.1 统计包含 "2" 的数字总个数 95
  - 3.2.2 标准数据类型 96
  - 3.2.3 数据类型转换 96
  - 3.2.4 函数 range 97
  - 3.2.5 统计代码 98

	3.2.6	二维列表	98
3.3		字典数据类型	101
	3.3.1	认识字典数据类型	101
	3.3.2	访问字典里的值	102
	3.3.3	修改字典里的值	102
	3.3.4	删除字典元素	102
	3.3.5	判断是否存在键	103
	3.3.6	如何遍历字典	103
	3.3.7	改造"最多邮编省份名称统计"程序	103
	3.3.8	输入一行字符串,打印出其中每个字符出现的次数	104
3.4		Python 函数	115
	3.4.1	输入参数求三角形、圆形或长方形的面积	115
	3.4.2	认识函数	116
	3.4.3	函数的定义	117
	3.4.4	函数的使用	118
	3.4.5	按值传递参数和按引用传递参数	119
	3.4.6	参数的几种形式	120
	3.4.7	常用的系统内建函数	121
	3.4.8	递归函数	121
	3.4.9	改造"四则计算器程序"	124
	3.4.10	改造面积计算程序	125
	3.4.11	关于函数和模块设计定义的一些经验	126
3.5		模块和进程	130
	3.5.1	认识模块	130
	3.5.2	在另一个文件里导入模块	131
	3.5.3	日期和时间模块	132
3.6		字符串操作和读写文件	133
	3.6.1	认识字符串	133
	3.6.2	访问字符串中的值	133
	3.6.3	转义字符	133
	3.6.4	字符串运算符	134
	3.6.5	字符串格式化	135
	3.6.6	常用的字符串内建函数	135

3.6.7　文件读写 136
　　　3.6.8　统计文章中出现次数最多的 10 个字 136

第 4 章　使用树莓派电脑控制各种硬件 140

4.1　让 LED 灯亮起来 141
　　4.1.1　购买硬件 141
　　4.1.2　GPIO 介绍 141
　　4.1.3　LED 灯电路原理 144
　　4.1.4　硬件连接 144
　　4.1.5　编写程序 146
　　4.1.6　执行程序 146
　　4.1.7　程序中每行代码的说明 147

4.2　使用笔记本电脑远程控制树莓派电脑 151
　　4.2.1　需要网络支持 151
　　4.2.2　如何查看网络 IP 地址 151
　　4.2.3　如何远程登录 156
　　4.2.4　如何上传文件 159
　　4.2.5　如何执行树莓派电脑上的程序 162
　　4.2.6　如何通过图形界面访问树莓派电脑 162
　　4.2.7　摆脱线的束缚 166

4.3　发出蜂鸣声音 167
　　4.3.1　蜂鸣器 167
　　4.2.2　持续鸣叫 168
　　4.2.3　有节奏地鸣叫 169

4.4　控制温湿度传感器 170
　　4.4.1　温湿度传感器 170
　　4.3.2　硬件连接 172
　　4.3.3　编写程序 174

4.5　制作温度报警器 176
　　4.5.1　硬件连接 176
　　4.4.2　编写程序 177

4.6　控制单位数码管显示数字 180
　　4.6.1　电路原理 181

4.6.2 一个灯 A 管接线 182
　　4.6.3 程序解释说明 184
　　4.6.4 将全部灯管接线 184
　　4.6.5 显示数字 1 184
　　4.6.6 显示所有数字 186
4.7 控制双位数码管显示时间秒数 189
　　4.7.1 电路原理 189
　　4.7.2 刷新机制 190
　　4.7.3 全部灯管接线 191
　　4.7.4 显示数字 01 191
　　4.7.5 显示当前时间秒数 194
4.8 将测量温度显示到数码管并同时示警 199
　　4.8.1 电路原理 199
　　4.8.2 硬件连接 200
　　4.8.3 编写程序 201

第 1 章

编程基础知识和环境准备

1.1 零基础的小白能学会编程吗

有朋友问，编程难吗？一点都不懂的人能学会吗？

也有朋友问，我们家小孩很喜欢打电脑游戏，能让他学习编程吗？要多大才可以学啊？

还有朋友问，很想学习编程，但就是坚持不了，不知道怎样才能学会编程，有没有快速又简单的办法？

笔者的回答是：能，每个人都能学会编程，越早学越好。方法也很简单，即"兴趣+方法+坚持"。

1.1.1 为什么要学编程

Facebook创始人扎克伯格说："编程已成为一项基本技能，每个人都该会。"

仅在美国，每年就有50万个计算机相关的工作岗位，但是每年只有5万名计算机科学的学生毕业。

编程显然已成为一项基本技能，是每个人都应该做的事情，就像阅读一样。它是每个学校都应该传授的技能。

苹果公司创始人史蒂夫·乔布斯说："人人都应该学会编程，因为它会教你如何思考。"

编程主要是人脑思维方式的映射。解决问题的时候，人的思维方式是需要完整性和逻辑性的，而通过编程训练，可以不断培养良好的思维方式，帮助人掌握逻辑思考的能力。

有人说，我会开车，但我并不需要知道车是怎么造出来的或是怎么修理的，同理，我会使用软件就够了，没有必要学编程。没错，我们并不是为了编程而学编程，就像我们学修车并不是为了去修车，而是通过学习简单的修车知识帮助我们更好更安全地开车和保养车。

从心理学上来讲，全程专注于一个目标，能够享受到做事情带来的满足和激情，会让人感受到做事情的乐趣，而编程，就是完全具备这种乐趣的事情，当你茶饭不思，努力思考一段代码为什么没有成功运行时，当你经过多次思考和尝试，最后把问题解决时，你的内心会有极强的满足感，这是一种非常棒的体验。

编程还是一个非常高效的、用于实现想法的工具，对于小孩子来说，乐高是他们塑造世界的玩具；对于成人来说，编程其实就是一个更加具备拓展性的"乐高"。

1.1.2 兴趣是最好的老师

想想看，你是否有过这样的经历：

喜欢打游戏的——凌晨三点了，一点都不困啊，再来一局 LOL！
喜欢看小说的——时间过得好快啊，都五点了，再看一章《雪鹰领主》就睡！
喜欢看视频的——今天晚上通宵也要把《仙剑奇侠传》看完！

为什么我们在做这些事时一点也不觉得累，而是感觉时间过得飞快呢？

我想是因为做这些事情的时候，你是放松的、是消遣的，没有目标或者指标要求，没有压力，所以才会乐此不疲、废寝忘食。

那么如果是学习编程呢？你需要学习、需要思考、需要开动脑筋、需要练习、需要总结，这都是有压力的。

如何能够化解或者避免这些压力或者疲倦呢，我想只有自己真正地喜欢它、爱好它，才能不觉得累，才能坚持下去。

学习知识最重要的是培养学习的兴趣，俗话说："兴趣是最好的老师"。对知识的学习感兴趣，就会变被动为主动，以学习为乐事，在快乐中学习，既能提高学习的效率，还能够加深对知识的理解，这样学到的知识才能够灵活地运用。

学习编程，一定要从兴趣出发，给自己定一些确定的目标，比如说：发布一个自己的个人网站、做一辆遥控的小车、将家里的门锁换成由手机控制的、给家里的鱼缸做一个远程喂食系统，等等。

这样带着目标去学习，带着实际问题去学习，会比毫无目标的学习要更有动力，更有效果。

1.1.3 为什么零基础的自学编程者，大多半途而废

笔者有一个认识很多年的好友，老赵。有一天打电话给笔者说，他女儿在上高中，有兴趣学编程，但不知道从哪里着手，希望笔者能从技术方向上提供一些学习路径建议。然后笔者就

刷刷刷列了提纲：

- 技术路径：Html > CSS > JavaScript > PHP > MySQL
- 学习内容：w3school.com.cn 网站
- 学习方法：跟随网站教程逐步学习，掌握基础知识后练习一些模拟项目

从一个做技术的程序员角度来看，这个路径是比较适合零基础的初学者的，但是过了一段时间之后，老赵又来电话了：女儿按照这个方法学习了一段时间之后，发现学不下去了，就好像知道机器的每一个零件，但就是组装不出机器来。

仔细分析之后，有点明白了：学习网站的内容大而全，不容易分清主次重点；不知道如何融会贯通多个技术点完成一个实际项目；缺少专业辅导碰到问题不知道如何解决。

因此，笔者一直在思考，有没有一种更好的方式来学习编程呢？有没有一种更有效的路径来学习编程的入门知识呢？

1.1.4　有趣好玩很重要

最近在给一所小学的四五年级的学生做公益编程兴趣课，看到这些孩子渴望的眼神，开心的笑容，真是很受感染（见图1-1-1）

图 1-1-1

这些小朋友只有 10 岁左右，但从上课的效果来看，学会编程是完全没有问题的。

感受最深的一点是：理论知识一定要讲得有趣，结合生活中的例子效果会更好，结合硬件多动手效果最好。

1.1.5　家长带着孩子一起学是最好不过的

中国的很多家长，望子成龙、望女成凤，会花很多钱给孩子报很多培训班，却很少花时间陪孩子做他们喜欢做的事情，但其实陪伴比学习对他们的影响更大。

编程，就是家长可以和孩子一起学习一起成长的一种方式。想想看，当家长和孩子一起时，每完成一段代码，每解决一个 bug，每一次让小车跑起来，都会是满满的开心和收获！

考虑到这样的目的，笔者在设计教程时，就是按照 10 岁孩子的理解能力作为基准，尽量将高深晦涩难懂的名词以及技术，通过浅显易懂的语句，使其变得更容易理解。

同时，通过软硬件结合控制显示效果的方式，让编程显得更有趣，并且尽量将软件工程的概念贯穿整个教程中，让大家逐步具备软件工程的思维方式。

另外，在学习过程中，交流和沟通是非常重要的一环，有兴趣的读者可以加入 QQ 群（603559164）进行交流沟通。

1.1.6　当你决定出发的时候，最困难的一部分已经完成了

知乎上有个问题的答案很有意思。

问：为什么零基础自学编程者，大多半途而废？

答：大多数人的努力程度，自学不了任何东西。

一万小时定律，相信大家都听说过，学会编程入门知识和成为 IT 专家，是不一样的目标，所以我们不需要一万小时，但这并不是说学会编程就很轻松，学习本身就不是轻松的事情，不付出努力，任何事情都不会成功。所以，坚持是一件非常重要的事情。

1.1.7 计划的重要性

"一年之计在于春,一日之计在于晨,一生之计在于勤。"

做任何事,最好都要做计划。计划按照时间维度可以分长期、中期、短期。

笔者个人的体会,就是将大的目标通过计划逐渐分解为细微的目标,每完成一个细微的目标,都会给自己一点成就感,给自己不停地刺激,获得愉悦感、成就感,从而逐渐完成目标。

喜欢编程的朋友,先设立一个小目标吧:入门。

最后,转载一句雾老师的话:

我们读书,我们接受教育,我们向有智慧的朋友求教,一切的目的,都是为了赋予自己这样一种能力——无论时局如何变化,无论命运把我们丢到何等陌生的环境,我们仍然能够活下去,爬起来,站直了。

1.2 700 元的电脑真的可以学会编程

"工欲善其事,必先利其器。"本节来说明初学编程应该选择什么样的电脑,以及如何购买。

1.2.1 计算机(电脑)的历史

先来看看计算机的历史:

1946 年,美国军方定制了第一台计算机,占地 170 平方米,重量达 30 多吨。

1946—1957 年,第一代,电子管计算机。

1957—1964 年,第二代,晶体管计算机。

1964—1971 年,第三代,中小规模集成电路计算机。

1971—2015 年,第四代,大规模和超大规模集成电路计算机。

2015 年—?,第五代,具有人工智能的新一代计算机,它具有推理、联想、判断、决策、学习等功能。

1.2.2 硬件和软件

硬件就是看得见的东西：比如显示器、硬盘、键盘等。

硬件如同一个人的身体。如果身体有问题，再好的创意和思想也无法最大限度地发挥，办起事情来总有不便。我们经常说的台式机、笔记本就可以从硬件外观上进行区分。

软件就是机器上装的程序：比如一些聊天工具、作图工具等。

软件如同一个人思想和灵魂。如果没有它，那么再好的电脑也没什么太大的用处，放在家里就等于是废铁。软件可分为系统软件和应用软件，像 Windows（也叫操作系统）就是系统软件，而 QQ 就是应用软件。

硬件和软件互相依存，硬件是软件赖以工作的物质基础，软件的正常工作是硬件发挥作用的唯一途径。计算机系统必须要配备完善的软件系统才能正常工作，且充分发挥其硬件的各种功能。

硬件和软件无严格界线，随着计算机技术的发展，在许多情况下，计算机的某些功能既可以由硬件来实现，也可以由软件来实现。因此，硬件与软件在一定意义上来说没有绝对严格的界限。

硬件和软件协同发展，计算机软件随着硬件技术的迅速发展而发展，而软件的不断发展与完善又促进硬件的更新，两者密切地交织发展，缺一不可。

对于计算机来说，软件是思想和灵魂，硬件就是身体。如同一个人既要有健康的思想，也要有强壮的身体，所以它们之间是不可分割的一个整体。

1.2.3 操作系统

目前主流的操作系统主要分为 4 类（见图 1-2-1）

图 1-2-1

1. Windows 系列操作系统

由微软公司生产，市场占有率最大。大家最熟悉最常见的就是这个。

2. Mac 操作系统

由苹果公司生产，一般安装于 Mac 电脑。通常是设计人员、开发人员或媒体广告人用得比较多。

3. Linux 类操作系统

如 ubuntu、suse linux、fedora、Debian、Raspbian 等。一般用于服务器，极客用得很多。

4. Unix 类操作系统

如 SOLARIS、BSD 系列（FREEBSD、openbsd、netbsd、pcbsd 等）。一般用于大型系统，个人用户较少使用。

这次，笔者给大家选择的是 Linux 系统，原因有以下几点：

（1）综合考虑硬件的选择，最匹配的操作系统是 Raspbian。

（2）Linux 更接近系统底层，能更直接操纵底层，命令行工具更丰富。

（3）Windows 和 Mac 系统处处可见，但 Linux 系统使用的机会更稀罕，其实就是看起来更酷。

1.2.4 硬件选择

电脑硬件有很多种，操作系统也有很多种，不同的电脑硬件还可以装不同的系统，选择起来不容易：

- 市面最常见的是安装了 Windows 的台式机；
- 喜欢优雅的读者，可以选择苹果的 Macbook 笔记本。

不同的需求，导致不同的选择。

笔者根据 20 年的经验以及整个课程系列的规划，帮大家选择好了：Raspberry Pi 3。先来介绍下它吧,如图 1-2-2 所示。

图 1-2-2

Raspberry Pi(树莓派)是一款只有信用卡大小,使用基于 Debian 系统的微型电脑,它内置多种接口,包括视频、USB、LAN 等,很容易就可以以非常少的价格拼装出一台可用的微型计算机。

准确地说,它是一款基于 ARM 的电脑主板,以 SD 卡做启动、储存磁盘。

树莓派由英国的树莓派基金会所开发,由合作的全球工业分销商 Premier Farnell/Element 14、RS Components 和中国总代理 Egoman Technology Corp 生产和销售。

树莓派最开始的目的是为了制作一套启发孩子的计算机,很奇妙的是,树莓派不仅完成了最初的目的,更是被极客开发出各种有趣的应用。

树莓派的流行更在于其便宜的价格,最新的 Raspberry Pi 3 树莓派,官方指导价格为 35 美元。利用它,另外再加上一些外部设备,就可以组装出我们自己的第一台电脑了。

要组装一台完整的电脑,至少需要的外部设备如图 1-2-3 所示。

1. 电源

电源有两种选择:一种是用 micro USB 电源线接一个交流转直流插头,接到普通的 220V 电源插座上;另外一种是用 micro USB 电源线接一个移动电源。

考虑到以后会将树莓派做成一个小车,这里选择移动电源。

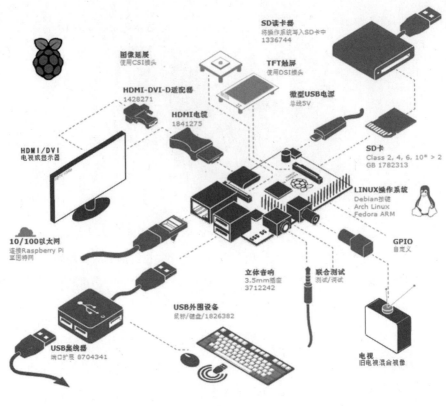

图 1-2-3

2. SD 卡

micro SD 卡的主要作用就是作为存储设备,在里面安装操作系统以及存储空间。

3. 显示屏

这个不需要解释了,没有显示屏什么也看不到。为了便捷性考虑,这次选择的是 7 寸显示屏,连接方式是用 HDMI 接线。当然大家也可以根据自己的喜好,选择更大的液晶显示屏,只要支持 HDMI 接口就可以。

4. 键盘鼠标

键盘鼠标是输入设备,输入指令给电脑,笔者选择的是迷你无线键盘鼠标套装,小巧玲珑。

5. 散热片

树莓派主板上有 3 个主要的芯片，工作时会散发较大的热量，需要在芯片上贴纯铜或者纯铝的散热片，帮助进行散热，确保系统不会过热。

一般而言，装了散热片，就不需要装小风扇了。

6. 外壳

树莓派主板上面的电路板是裸露在外的，为了保护电路板，防止静电，需要将主板用外壳包装起来。笔者选择的是亚克力透明外壳，非常酷。

1.2.5 准备材料

1. 树莓派 Raspberry Pi 3 主板

2. 移动电源

移动电源或者充电宝，相信很多人家里都有，5000 毫安、10000 毫安，或者 20000 毫安的都可以，只要输出电流是 1A 或者 2.1A。

但是为了将来做到小车上面考虑外观大小，这里笔者推荐：ROMOSS/罗马仕 sense6 20000 毫安充电宝。其优点一是电量充足减少充电次数；二是有两个输出电流，适应能力强。

3. micaro SD 卡带 Raspbian 操作系统

购买时请注意和店家确认 SD 卡预装好 raspbian 操作系统，这样就不需要自己去安装操作系统了，可以省点事。

4. HDMI 连接线

5. 显示屏 7 寸带 HDMI 接口

6. 键盘鼠标

键盘鼠标，比较通用，大家可以随意选择，推荐使用比较迷你的可以放到小箱子里面的。

7. 树莓派主板散热片

8. 树莓派亚克力外壳

9. 工具箱

工具箱不是必须的，但是这么多电脑部件，如果希望外出携带，有一个工具箱会很省事，而且未来会做很多电子电路的实验，也会购买一些零部件，有一个工具箱会很好。

购买的渠道可以去淘宝，搜索关键字"树莓派"即可，找到销量比较多的店铺进入后，一般上述商品都有。如果不清楚的话，可以咨询淘宝店家，或者购买套装也可以。

请大家尽快完成采购，1.3 节将详细讲解如何将这些设备组装为一台完整的电脑。

1.2.6 如果已经有一台电脑了，怎么办

笔者的建议还是购买上面推荐的一套电脑，原因最主要还是后续的课程会用到这个电脑的硬件接口用于控制传感器。

当然在用到传感器之前的课程里，也可以用自己的电脑完成 Python 的编程练习。如果有读者想再观望一下看看这些课程是否适合自己，那么也可以暂时不买树莓派电脑，用自己的电脑安装 Python 编程环境也是可以的。

打算用自己电脑的读者，可以跳过 1.3 节，在 1.4 节里会具体说明如何下载安装 Python 编程环境。

1.3 十分钟组装一台可编程电脑

1.3.1 给树莓派 3 主板安装散热片

第 1 步，将 4 样物品准备好：树莓派 3 主板、SD 卡、亚克力外壳、散热片和螺丝（见图 1-3-1）。

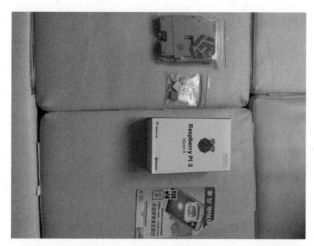

图 1-3-1

第 2 步，从包装盒里面取出树莓派 3 主板，注意操作的时候手上尽量不要带静电，即在开始前洗手，然后将手擦干（见图 1-3-2）。

图 1-3-2

第 3 步，将散热片从袋子中取出（见图 1-3-3）。

图 1-3-3

第 4 步,将散热片的双面胶的纸头撕掉,将散热片粘贴到树莓派 3 主板的 3 个芯片上,两大一小,注意大散热片贴大芯片,小散热片贴小芯片(见图 1-3-4)。

图 1-3-4

第 5 步,这是树莓派 3 主板的另外一面贴好散热片的样子(见图 1-3-5)。

图 1-3-5

第 6 步,将 SD 卡从包装里面取出(见图 1-3-6)。

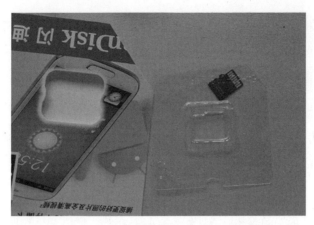

图 1-3-6

第 7 步，将 SD 卡插入树莓派 3 主板的 SD 插槽中，注意将 SD 卡有字的一面朝外，将 SD 卡插入后推到底会自动卡住，如果要取出 SD 卡，只要再往里一推就会弹出来（见图 1-3-7）。

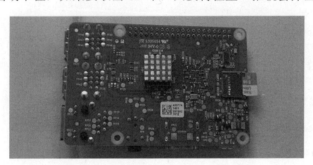

图 1-3-7

1.3.2 将树莓派 3 主板安装到亚克力外壳中

第 8 步，将亚克力外壳按照图 1-3-8 所示的位置摆放好，外壳安装的时候就将按照这个摆放结构进行组装，说明如下：

a．树莓派 3 主板这样摆放后，分 6 个面。正面：即有两个散热片的一面；反面：即有 1 个散热片的一面；上面：有 HDMI 接口的一面；下面：有 40 根针的一面；左面：有 4 个 USB 接口的一面，右面：有 SD 卡的一面。

b．树莓派 3 主板的反面芯片正好卡入亚克力外壳的底面的洞里。

c. 树莓派 3 主板的上面的 3 个接口：音频 / HDMI / micro USB，正好对准亚克力外壳的洞。

d. 树莓派 3 主板的下面两个槽对准底面的凸出，卡进去。

e. 树莓派 3 主板的左面的 5 个接口：4 个 USB / 1 个网口，对准亚克力外壳的洞，注意亚克力外壳左面的圆角是朝下。

f. 树莓派 3 主板的右面的 1 个接口：SD 卡，对准亚克力外壳的洞，注意亚克力外壳右面的圆角是朝下。

g. 树莓派 3 主板的正面对准亚历克外壳的正面，注意让 40 根针对准亚克力外壳的方形的槽洞，右侧的是小小的凸出。

第 9 步，将亚克力外壳上面的一层保护膜撕掉，并按之前一步的位置摆放好（见图 1-3-9）。

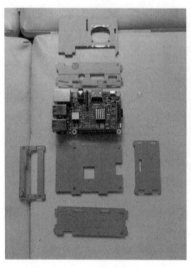
图 1-3-8

图 1-3-9

第 10 步，将树莓派 3 主板摆放到亚克力外壳的底面上，然后将塑料螺丝螺母取出准备好（见图 1-3-10）。

第 11 步，将螺丝从树莓派 3 主板下面往上面穿过来，然后从上面将螺母套上去，拧紧螺丝（见图 1-3-11）。

图 1-3-10　　　　　　　　　　　图 1-3-11

第 12 步，将亚克力外壳的上面和下面两块竖立起来，对准下面的插槽插入（见图 1-3-12）。

第 13 步，将亚克力外壳的正面的板子右侧的两个小小的凸出，相当于转轴，卡入亚克力外壳上下两面板子的右侧的两个小洞里面，这样正面的这块板子就可以转动了，可以将盖子掀起来和放下去（见图 1-3-13）。

图 1-3-12　　　　　　　　　　　图 1-3-13

第 14 步，将亚克力外壳右面的板子竖立起来，先将上方的卡槽卡入亚克力外壳上面和下面的两块板子的右侧的上面的凸出，后将下方的卡槽对准下方的弹簧卡片，然后将弹簧卡片往当中顶一下卡紧。

按照图片里面文字示意，先、后、顶，3 步可以卡紧。相同道理，将亚克力外壳的左面的板子竖立起来卡紧（见图 1-3-14）。

第 15 步，可以将亚克力外壳正面的盖子掀起来和放下去（见图 1-3-15）。

图 1-3-14

图 1-3-15

1.3.3 接好移动电源

第 16 步，取出移动电源。

第 17 步，将移动电源的电源线的 USB 的头插入移动电源的任意一个 USB 插口，micro USB 的头摆放到树莓派 3 主板的 micro USB 插口附近，先不要插入（见图 1-3-16）。

图 1-3-16

1.3.4 接好显示器

第 18 步，将显示器部件取出准备好，3 个部件：显示屏、支架、电源插头（见图 1-3-17）。

第 19 步，将显示器的显示屏和支架连接起来，注意支架当中有一个旋转螺丝，上面本来有一个小的螺母需要拧下来，然后将螺丝拧紧到显示屏下方的螺母里面，原螺母就不需要了。支架下方可以调整角度（见图 1-3-18）。

将电源插头插入显示屏的电源插口。

图 1-3-17　　　　　　　图 1-3-18

第 20 步，将显示器和树莓派 3 主板用 HDMI 线连接起来，然后将移动电源的 micro USB 插头插入主板的 micro USB 插口，最后将显示器的电源头插到家用的电源插座上。

这时候，显示器应该显示"No Signal"，就是没有信号输入的意思（见图1-3-19）。

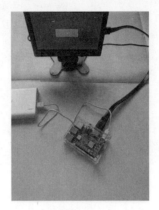

图 1-3-19

1.3.5　接好键盘和鼠标

第 21 步，将键盘鼠标取出，打开鼠标的盖子，将 USB 连接器取出，将电池装入鼠标和键盘，打开鼠标的开关到 ON 的位置（见图 1-3-20）。

第 22 步，将鼠标键盘的 USB 连接器插到树莓派 3 主板的 4 个 USB 插口的任意一个（见图 1-3-21）。

图 1-3-20

图 1-3-21

1.3.6 进入系统

第 23 步，全部做好之后，检查所有接口是否正确：

a. 显示器电源头接到家用电源插座；

b. 显示器 HDMI 接线到主板；

c. 移动电源接线到主板；

d. 键盘鼠标 USB 连接器连到主板。

第 24 步，启动移动电源（见图 1-3-22）。

图 1-3-22

第 25 步，观察显示器，应该有很多字符输出显示。

如果显示器没有输出，可能有以下原因：

a. 电源头插座没有供电。

b. 显示器的电源接头未插紧。

c. 显示器的"POWER"按键被误按，显示器处于关闭状态，需要再次按"POWER"键打开显示器。

d. 显示器的"MODE"按键被误按，显示器处于非 HDMI 显示模式，需要连续多次按"MODE"键切换到 HDMI 模式，具体哪几种模式可以参考显示器说明书，但是我们使用的必须是 HDMI 显示模式 。

e. 树莓派 3 主板没有电源供电，这个需要观察主板上面应该有 1 红 1 绿的两个灯在亮，则说明主板有供电。

f. 如果显示器仍然没有显示，可以用排除法进行进一步检查，即另外找一台支持 HDMI 接口的显示器或者电视机，将 HDMI 接线接上去试试看，排除是主板的原因。

第 26 步，进入树莓派系统，应该看到有一个大大的树莓的图形，说明我们进入了操作系统（见图 1-3-23）。

图 1-3-23

1.3.7 关机，分解装箱

第 27 步，关机。单击左上角的"Menu"按钮，选择"Shutdown"菜单，在弹出窗口中单击"Shutdown"选项，单击"确定"按钮，系统将关机。

第 28 步，将所有的连接线全部断开。

第 29 步，将所有部件装进工具箱，注意先摆放大的部件，再摆放小的部件。

1.4 如何编写人生的第一行代码：Hello World

1.3 节已经将电脑组装好了，那么本节学习如何简单地使用电脑。

1.4.1 如何开机

首先要做的是按照 1.3 节的说明，将电脑组装起来，启动电源之前，检查接口和连线是否正确，不要插错或者插反。然后通过按移动电源开关的方式，打开电脑。

注意：由于将电脑关闭之后，移动电源还会保持待机状态，如果在电源线仍然保持连接的状态下按移动电源开关时会无效。在这种情况下，可以通过将移动电源线的 USB 插口从移动电源 USB 接口上拔下来再插上去的方式解决（见图 1-4-1）。

图 1-4-1

1.4.2 认识 LX 终端

启动电脑进入系统后，看到的应该大概是如图 1-4-2 所示的样子。

图 1-4-2

如果发现和上面这张图不一样,也不要惊慌和奇怪,可能的原因如下:

a. 电脑硬件版本不同,导致操作系统不同。

b. 操作系统安装了不同的版本。

c. 操作系统没有升级到最新版本。

d. 操作系统的背景图设置或者其他 UI 界面设置不相同。

接下来,启动最常用的一个软件程序:"LX 终端"。

有三种方式启动这个程序:

(1)在最上面菜单工具栏里,单击鼠标左键。

(2)单击左上角的菜单按钮,选择"附件" > "LX 终端"(见图 1-4-3)。

(3)桌面快捷方式图标,双击鼠标左键,注意是双击,不是单击。

第 1 章　编程基础知识和环境准备

图 1-4-3

启动"LX 终端"程序后，应该出现如图 1-4-4 所示的一个黑窗口，就表示成功启动了程序。

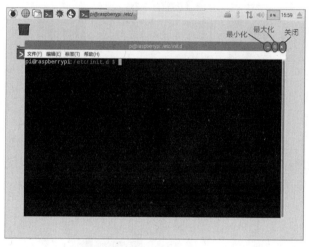

图 1-4-4

在这个程序的窗口上，右上角有 3 个图标按钮，分别是"最小化""最大化""关闭"。意思是可以将当前这个窗口进行最小化、最大化和关闭操作。

单击"最小化"按钮，会发现窗口不见了，但是在最上面的菜单工具栏里面，会看到有一个当前程序窗体的按钮图标，单击这里可以将最小化的程序窗口恢复（见图 1-4-5）。

图 1-4-5

25

单击"最大化"按钮，会发现窗口变大到占满全部屏幕。

单击"关闭"按钮，可以将当前程序窗口关闭，关闭之后，如果要再次打开，需要参照前面介绍的 3 种启动方式。大家要自己反复操作练习。

有人可能发现，好像自己的 LX 窗口里面的字体好小，都看不清楚，那么接下来，学习如何将 LX 终端程序窗口里面的字体放大：

第 1 步，单击 LX 终端程序的菜单"编辑>首选项"命令，如图 1-4-6 所示。

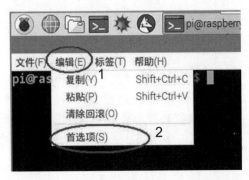

图 1-4-6

第 2 步，在弹出的"LX 终端"窗口中，单击"终端字体"右侧的按钮，如图 1-4-7 所示。

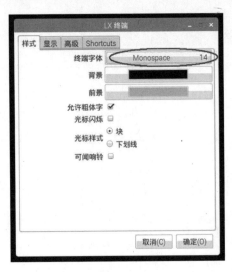

图 1-4-7

第3步，弹出"拾取字体"窗口，在"大小"里面选择更大的数字，笔者选择的是14，你可以选择自己喜欢的大小，然后单击"确定"按钮，如图1-4-8所示。

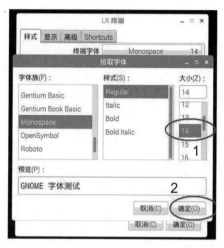

图 1-4-8

第4步，在"LX 终端"窗口中，确认"终端字体"右侧的字体大小为14或者你前面设置的数字，然后单击"确定"按钮，如图1-4-9所示。然后可以看到"LX 终端"里面的字体变化了。

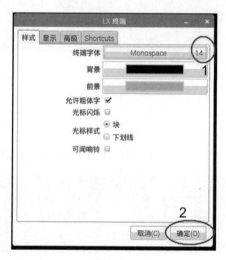

图 1-4-9

1.4.3 编写第一个 Python 程序

打开"LX 终端程序"之后，会看到黑色窗口里面有一行字，"pi@raspberrypi:~ $"，这是什么意思呢？

最后的$符号，是表示可以接收命令输入的符号，可以在这个符号之后输入希望电脑处理的命令，命令相当于运行程序。

@符号前面的 pi 表示的是当前进入系统的账号名字是 pi 这个账号,操作系统有很多个账号，目前只要了解默认，就是用 pi 这个账号登录系统的，相当于登录 QQ 软件时候用的 QQ 号的概念。

@符号后面的 raspberrypi 表示电脑的名字，相当于给树莓派操作系统起的名字。

:符号表示区分开电脑名字和后面的目录～。

目录～表示当前用户 pi 的默认目录，在这里就是/home/pi 目录，至于目录是什么意思，后续会详细说明，这里大家知道是目录的意思就可以了。

接下来，大家在$符号后面输入字符"python"，会看到如图 1-4-10 所示结果。

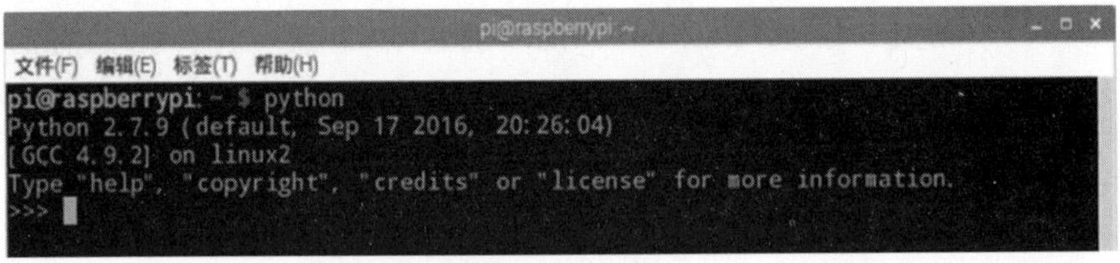

图 1-4-10

这里启动了 Python 程序，全部准备工作都做好了，可以编写运行第一个程序了，虽然只有 1 行代码，但是意义重大。

如图 1-4-11 所示，在">>>"后面输入"print "hello world""，然后按下"Enter"键。

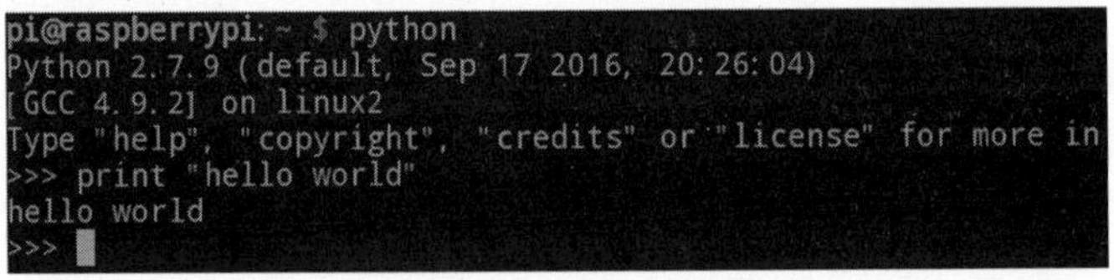

图 1-4-11

可以看到，程序输出了我们希望输出的话，Hello World 被打印出来了。

计算机的能力是非常强大的，比人脑计算速度快得多，下面做一下最简单的加减乘除运算。

在 ">>>" 后面输入 "18+36"，然后按 "Enter" 键，如图 1-4-12 所示。

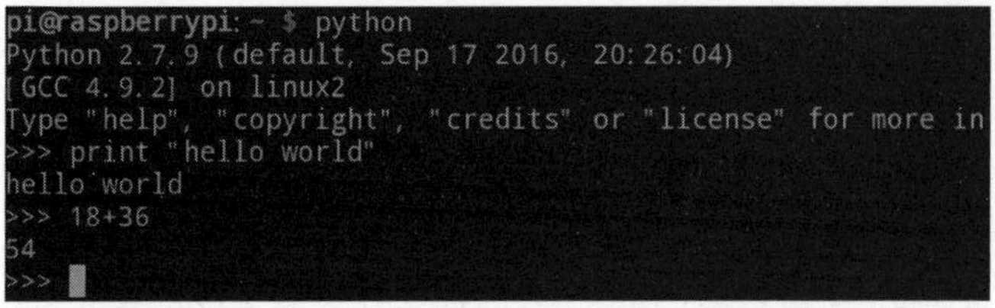

图 1-4-12

在 ">>>" 后面输入 "88-26"，然后按 "Enter" 键，如图 1-4-13 所示。

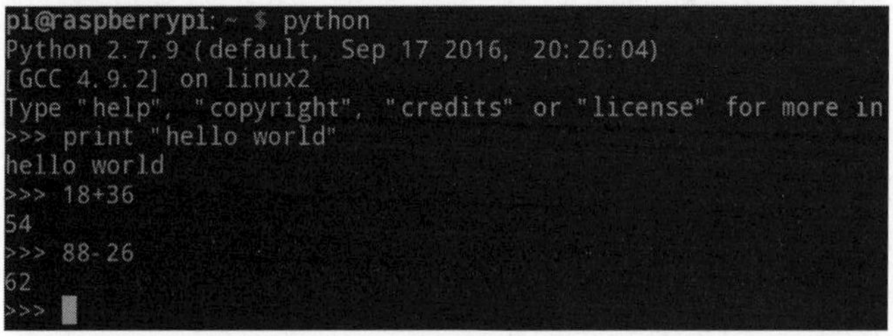

图 1-4-13

大家可以自己多试试用其他数字进行四则运算。

接下来，需要退出 Python 程序。

在 ">>>" 后面输入 "quit()"，然后按 "Enter" 键，发现退出了 Python 程序，回到$符号代表的 LX 终端程序，如图 1-4-14 所示。

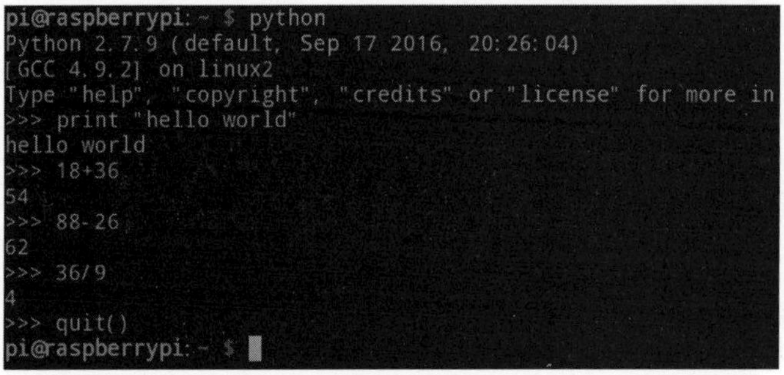

图 1-4-14

注意：$符号和>>>符号，代表的是不同的程序环境，$符号表示当前位于操作系统环境，可以运行任何程序命令；>>>符号表示当前位于 Python 程序，只能运行 Python 代码。

这两种环境要区分清楚，不能混淆，弄反了就不对，不能得到想要的结果。比如在$符号后面输入"18+36"，按"Enter"键后会得到结果：未找到命令，如图 1-4-15 所示。

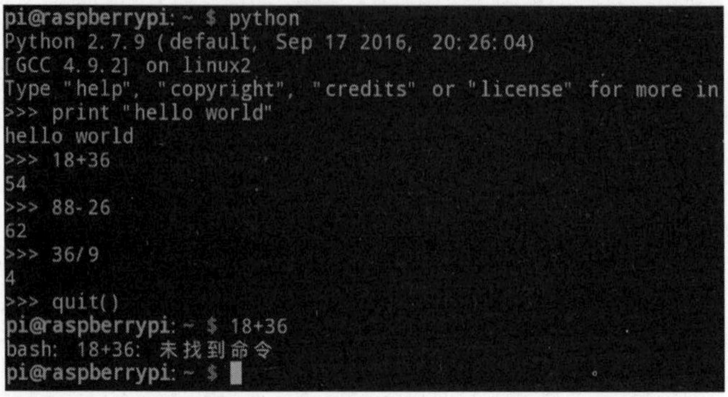

图 1-4-15

同样的道理，在>>>符号后面输入"Python"，也会提示错误。只有在正确合适的环境下面做对应的事情，才能得到正确的结果。

1.4.4 设置网络

接下来讲解怎样设置无线网络，让树莓派系统能够联网。

首先，单击窗口最上面菜单工具栏右侧的网络图标，单击"Turn On Wi-Fi"，如果已经打开了 Wi-Fi，则进行下一步操作，如图 1-4-16 所示。

图 1-4-16

然后选择合适的 Wi-Fi 热点，单击，如图 1-4-17 所示。

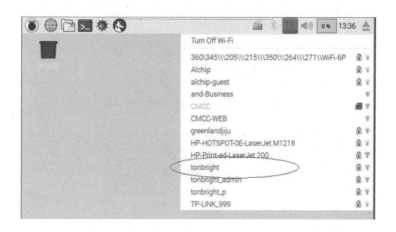

图 1-4-17

输入 Wi-Fi 连接密码，单击"确定"按钮，如图 1-4-18 所示。

图 1-4-18

如果连接成功，则看到 Wi-Fi 图标变化，类似如图 1-4-19 所示则表示连接成功。

图 1-4-19

如果连接不成功，则请检查 Wi-Fi 路由器的设置或者密码是否正确。

1.4.5　访问互联网

单击左上角主菜单按钮，在下拉菜单里面单击"互联网>Chromium 网页浏览器"命令，如图 1-4-20 所示。

图 1-4-20

在地址栏里面输入"www.baidu.com",按下"Enter"键,如图 1-4-2 所示。

图 1-4-21

1.4.6　使用 Text Editor 文本编辑器输入英文

接下来,我们学习用文本编辑器输入英文。

单击左上角主菜单按钮,在下拉菜单里面单击"附件>Text Editor"命令,如图 1-4-22 所示。

图 1-4-22

会看到启动了一个程序,如图 1-4-23 所示,可以在里面输入任意文字,例如输入"hello world"。

图 1-4-23

单击"文件>另存为"命令,如图 1-4-24 所示。

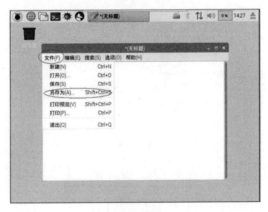

图 1-4-24

在弹出窗口的标题栏上双击，让窗口变成和当前屏幕一样大。单击左侧位置里面的"pi"，选择将文件放在pi这个目录下。在"名称"后面的文本框里面输入"hello.txt"，说明保存的文件名是hello.txt。单击右下角的"保存"按钮。如图1-4-25所示。

图 1-4-25

然后单击文本编辑器右上角的关闭按钮，将程序关闭。

1.4.7 学会输入中文

接下来，学习如何输入中文。

首先打开"Text Editor"程序。单击菜单"文件>打开"命令，如图1-4-26所示。

图 1-4-26

在弹出窗口的左侧位置，单击"pi"，找到"hello.txt"并选中，单击"打开"按钮，如图 1-4-27 所示。

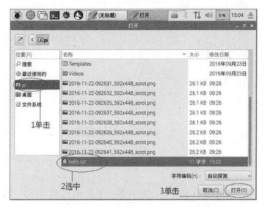

图 1-4-27

在编辑窗口中即可看到之前输入的文字"hello world"了，接下来输入中文"你好"。单击顶部菜单工具栏右侧的键盘图标，在弹出列表中选择"简体中文"，如图 1-4-28 所示。

图 1-4-28

将鼠标光标放到文本中合适的位置，输入"你好"，如图 1-4-29 所示。

图 1-4-29

如果不输入中文,要切换回英文状态,则使用相同的操作方法,单击顶部菜单工具栏右侧的键盘图标,在弹出列表中选择"英语键盘"。

如果英文和中文切换比较频繁,通过顶部菜单工具栏里面进行切换输入法比较麻烦,有一个更简便的方法。就是在当前是中文输入法的时候,按下键盘的"Shift"键,就可以快速切换为英文输入法,可以看到右下角的中文输入法的工具栏当中的"中"字变成了"英"字。

再按一下"Shift"键,又从英文输入法切换为中文输入法,可以看到右下角的中文输入法的工具栏当中的"英"字变成了"中"字。

通过这样的操作,可以随时查看当前是哪种输入法,以及快速切换输入法(见图1-4-30)。

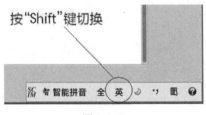

图 1-4-30

1.4.8 关机

最后说明一下关机的两种方法。

方法一:单击左上角主菜单按钮,单击"Shutdown">"Shutdown"。

方法二：启动"LX 终端"程序，输入"sudo poweroff"后按下"Enter"键。

1.4.9 如果已经有一台电脑了，怎么办

相信大部分读者已有的电脑一般安装的是 Windows 操作系统。下面就以 Windows 7 操作系统为例，说明如何安装 Python 编程环境。

1．下载 Python 程序

用浏览器打开网页地址 https://www.python.org/downloads/release/python-279，选择安装的 Python 版本是 2.7.9。

找到对应自己电脑操作系统的 Python 下载程序，单击"下载"（见图 1-4-31）。

图 1-4-31

如果希望安装其他版本的 Python 程序，可以到 https://www.python.org/downlods 自己去寻找。

2．安装 Python 程序

找到刚刚下载的文件，双击该程序进行安装，一路单击"Next"按钮。这里是下载的 python-2.7.9.amd64.exe，安装完成之后，应该在电脑里创建了一个 C:\Python27 目录。

3. 设置系统环境变量

步骤为：选择"我的电脑"，右击鼠标，依次单击"属性>高级系统设置>高级>环境变量>系统变量>选中>Path>9>编辑>变量值>添加文字 ;c:\python27>确定>确定"（见图 1-4-32）。

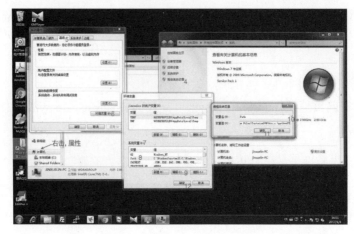

图 1-4-32

4. 运行 Python 程序

步骤为：单击"开始"，在"搜索程序和文件"中输入"cmd"然后按"Enter"键，在"command 窗口"中输入"python"（见图 1-4-33）。

图 1-4-33

如果出现图中所示的内容，则说明 Python 编程环境安装完成。

5．用文本编辑器编写程序

步骤：单击"开始>所有程序>附件>记事本，"在记事本中编写代码，单击菜单"文件>另存为"，选择目录"c:\Python27，"选择保存类型为"所有文件"，输入文件名"hello.py"单击"保存"按钮（见图1-4-34）。

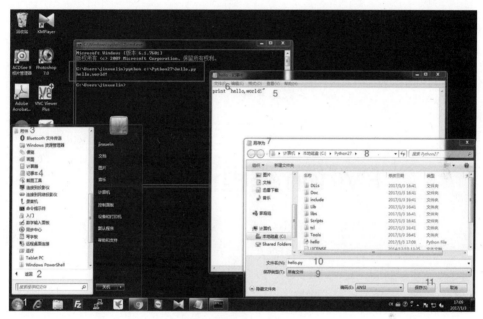

图 1-4-34

使用方法与前面的 1.4.6 节"Text Editor 文本编辑器"类似。

6．执行 Python 程序

步骤为：单击"开始"在"搜索程序和文件"中输入"cmd"，然后按"Enter"键，在"command 窗口中输入 python c:\Python27\hello.py"。看到屏幕输出了"hello,world！"

7．其他编辑器

记事本用起来不是太舒服，推荐可以下载一个 editplus 程序来编辑 Python 程序。

第 2 章

Python 编程语言基础

2.1 加法计算器

本节来做一个加法计算器,也就是输入两个数字,让程序计算出相加之后的结果。

2.1.1 直接在 Python 环境输入代码并运行

打开"LX 终端"程序,输入"python"命令,进入 Python 运行环境,如图 2-1-1 所示。

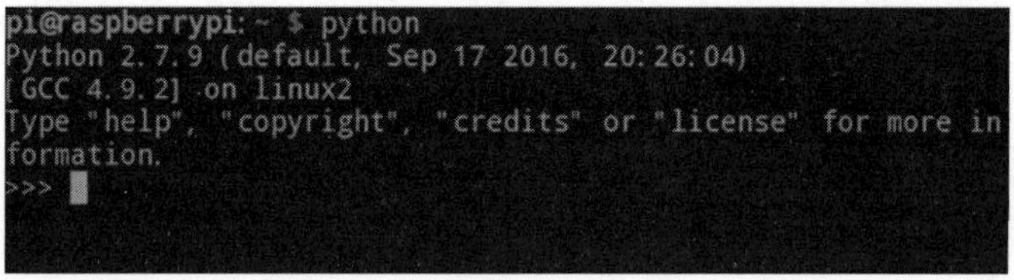

图 2-1-1

在 Python 环境中执行如下的程序代码:

```
>>> num1=input("num1:")
```

按下"Enter"键,会看到下列信息:

```
>>>num1:
```

然后光标会停在这里,表示需要我们输入一个内容,如图 2-1-2 所示。

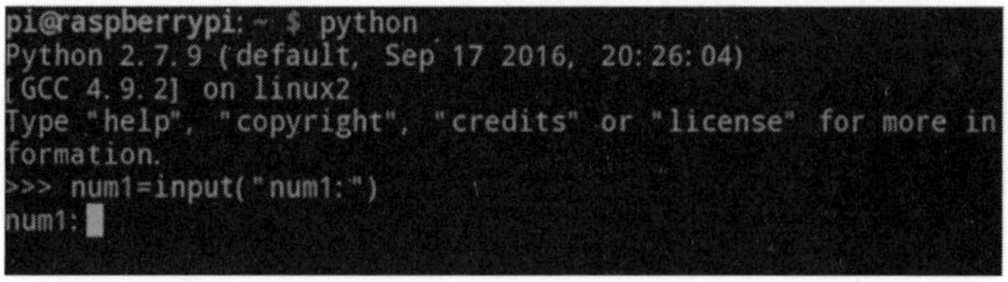

图 2-1-2

输入"3"之后按下"Enter"键。

继续输入下面一行代码:

```
>>> print num1
```

按下"Enter"键后会看到显示结果为"3",如图 2-1-3 所示。

图 2-1-3

2.1.2 变量、赋值操作符、输入函数、参数、字符串、输出函数

程序总共两行代码，如下：

```
num1=input("num1:")
print num1
```

第 1 行代码的意思是，提示输入数字 1 存放到 num1 中。

第 2 行代码的意思是，在屏幕上打印输出数字 1。

第 1 行代码从左往右包括 5 个概念：变量、赋值操作符、输入函数、参数、字符串。第 2 行代码为输出。

- 变量

这里的"num1"就是变量，变量相当于一个标识、一个索引、一个代号、一个存储内容的名称。

就相当于每个人都有一个名字一样，通过名字能够找到每个人。程序里面的变量和人的名字不同的是，变量是不能重名的，但人的名字可以重名。

如果有下面两行代码：

```
num1="aaa"
num1="bbb"
```

那么访问"num1"的结果就只能是"bbb"，因为第 2 行代码相当于将"num1"这个变量指向的存储内容修改了。

大家记住，变量就是房子的地址门牌号码，通过这个快递员才能知道将包裹送到哪儿。而变量指向的存储内容，则相当于家里面的具体内容。变量，意思就是变量当中的内容是可以变的。

- 赋值操作符

"="号就是一个赋值操作符,可以将某个内容赋给变量,这样变量就有内容了。

- 输入函数

input(),这是一个输入函数,函数一定要用括号括起来。

输入函数就是指程序要求用户输入一个内容,程序会将用户的输入保存起来用于后续使用。

函数,就是将一段代码组合起来,进行包装,对外界提供一个名字接口。外界不需要知道函数内部具体的代码,只需要知道这个函数的用途就可以使用函数了。函数一般都有返回结果,返回结果可以通过赋值操作符"="存储到变量中。

- 参数

函数可以接收不同的参数,从而可以实现不同的功能。

举个例子:"上厕所(性别)"就是一个函数,而性别就是参数。函数表示要做什么事情,而参数则是告诉函数是什么条件或者状态去做事情。

input()函数是可以不输入参数的。如果不输入参数,则表示程序在要求用户输入之前没有任何提示。

input("num1:")函数带了参数"num1:",则表示程序在要求用户输入之前会显示"num1:"提示用户。一般来说,尽量使用带参数的形式,这样程序运行时会对用户比较友好,用户会知道当前要做什么事情。

- 字符串

"num1:",前后都用双引号,表示这是一个字符串。

字符串就是将一段字符或文字用双引号包起来,可以被其他程序使用。双引号必须成双成对,前面少掉,或者后面少掉,都是不正确的。

input 函数执行之后,程序会停止在那里等待用户在界面上输入内容,用户输入内容后按下"Enter"键。input 函数会读取用户输入的内容,将返回结果存储到 num1 变量中。

- 输出函数

print 是一个输出函数,可以在屏幕上打印出信息。print num1 就是将 num1 变量的内容打印在屏幕上。

如果输入 print "num1",请大家想想会看到什么输出结果,可以试试看。这里可以看出变量和字符串的区别了。变量是一个代号,输出指向的内容,而字符串就是一个内容。

2.1.3 了解加法计算器代码

继续输入以下代码:

```
>>> num2=input("num2:")
```

按下"Enter"键后出现">>> num2:",输入"5",按下"Enter"键。

然后进行计算,输入">>> num3=num1+num2",按下"Enter"键。

最后,输出计算结果:

```
>>> print num1,"+",num2,"=",num3
```

会看到结果显示"3 + 5 = 8",如图 2-1-4 所示。

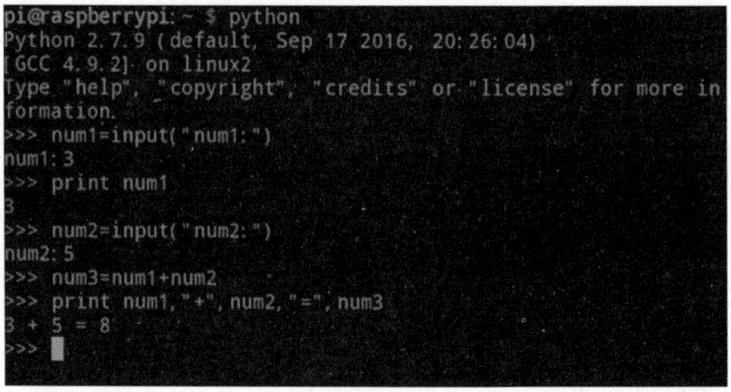

图 2-1-4

程序总共 5 行代码,如下:

```
num1=input("num1:")
print num1
num2=input("num2:")
num3=num1+num2
print num1,"+",num2,"=",num3
```

第 1 行代码是提示输入数字"1"存放到 num1。

第 2 行代码是屏幕输出数字"1"的内容。

第 3 行代码是提示输入数字"2"存放到 num2。这行代码和第 1 行代码是类似的，区别仅仅是提示文字不同，存储的变量不同。

第 4 行代码是将数字 1 和数字 2 相加，结果存放到 num3。这里的 num3 是一个新的变量，用来存储加法计算的结果。加法计算用的是"+"符号，两边分别放的是两个变量 num1 和 num2。

第 5 行代码是屏幕输出数字"1"、加法符号、数字"2"、等于符号、数字"3"。

这里可以看到 print 函数是可以输出多个参数内容的，多个内容之间需要用逗号分隔开。

这里按次序输出了 3 个变量和 2 个字符串。num1、num2、num3 是 3 个变量，输出的是变量中存储的内容。"+"和"="是 2 个字符串，输出的就是字符串自己的内容。大家可以试试看，如果将 num1、num2、num3 分别变成"num1"、"num2"、"num3"会输出什么结果。还可以试试看，如果将"+"、"="的双引号去掉，会输出什么结果。

2.1.4　字符串和整数是不同的数据类型

大家可以退出 Python 程序，在>>>后面输入"quit()"，按下"Enter"键。然后重新进入 Python 程序。

```
>>>num1=input("num1:")
num1:3
>>>num2=input("num2:")
num2:"5"
>>>num3=num1+num2 回车
```

大家会发现程序出错了，加法操作不能将整数类型 int 和字符串类型 str 进行运算（见图 2-1-5）。

```
>>> num2=input("num2:")
num2:"5"
>>> num3=num1+num2
Traceback (most recent call last):
  File "<stdin>", line 1, in <module>
TypeError: unsupported operand type(s) for +: 'int' and 'str'
>>>
```

图 2-1-5

这是因为在输入"num2"时,"5"的前后加了双引号,即 num2="5",而不是 num2=5。num1=5 说明 num1 是一个整数 int 类型,num2="5"说明 num2 是一个字符串 str 类型。不同类型的数据是不能进行加法计算的。

这里提出新的概念:数据类型。

变量当中存储的内容是数据,而每个数据是有类型的,不同的类型能够进行不同的操作。常用的数据类型有:整数、浮点数、字符串、数组。目前暂时了解整数和字符串就够了。

2.1.5　将 Python 代码放到文件中

前面一直在 Python 运行环境中写代码并单行执行代码。会发现有时候输错代码需要重新输入整行代码,非常不方便。前面已经讲解过如何使用文本编辑器编辑文本文件,现在将前面的 5 行代码输入到一个文本文件中去。

打开 Text Editor 文本编辑器,在里面输入如下 5 行代码:

```
num1=input("num1:")
print num1
num2=input("num2:")
num3=num1+num2
print num1,"+",num2,"=",num3
```

然后保存文件,命名为 add.py,注意保存到目录 pi 下面(见图 2-1-6)。

图 2-1-6

2.1.6 执行 Python 程序文件

将代码全部存放到 add.py 文件中之后，打开"LX 终端"程序，用 Python 命令运行这个程序文件。使用命令"$sudo python add.py"，按下"Enter"键。会看到程序开始运行了，按照程序提示输入数字"3"，按"Enter"键，输入数字"5"，按"Enter"键，最终看到计算结果（见图 2-1-7）。

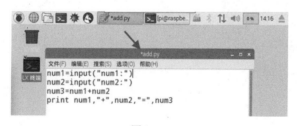

图 2-1-7

可以试试看计算别的数字，例如计算"6+9"。再次执行命令"$sudo python add.py"，按下"Enter"键。按照程序提示输入数字"6"，按下"Enter"键，输入数字"9"，按下"Enter"键，最终看到计算结果。

这里告诉大家一个小窍门，重复输入"sudo python add.py"这个命令比较麻烦，可以按一下"向上方向"键，调出前一个命令。如果继续按向上方向键，还可以调出再前一个命令。向上方向键和向下方向键可以访问命令历史记录。代码执行时，发现 num1:3 下面输出了一个 3，这行代码好像没有太大的必要性，把这行代码删除。打开 Text Editor 文本编辑器，如果刚才没有关闭，则在最顶部菜单工具栏里面单击该程序。如果已经关闭了 Text Editor 文本编辑器，则从主菜单重新打开，然后选择菜单文件打开，找到 pi 目录，打开 add.py 文件。使用"Delete"按键或者"backspace"按键删除第 2 行代码，注意观察文本编辑器的标题栏，发现 add.py 前面多了一个*号（见图 2-1-8）。

图 2-1-8

这个*号表示 add.py 已经被修改并且没有保存，所以在执行程序之前，要确保文件名前面没有*号，确保文件被保存了。否则，执行文件时可能还是出现之前的结果，就是因为文件虽然被编辑了，但并没有被保存在磁盘上。选择菜单"文件>保存"命令，也可以使用组合快捷键"Ctrl+S"进行保存文件，保存文件之后，*号会消失，表示当前文件已经保存。将文件保存后，再次执行，记得用向上方向键。

输入数字"5"，按下"Enter"键后输入数字"6"，会发现 num1:5 下面少了输出这行，看起来舒服了（见图 2-1-9）。

图 2-1-9

通过上面的步骤，我们学会了如何在"Text Editor 文本编辑器"和"LX 终端"这两个程序之间来回切换、修改代码、执行代码的方法。

2.1.7 参考加法计算器的代码创建类似程序——减法计算器

接下来，我们参考上面的加法程序做一个减法程序，从而学会如何参考类似程序创建新程序。打开文本编辑器，打开 add.py 文件。单击菜单"文件>另存为"命令，把文件名修改为 subtract.py，然后保存（见图 2-1-10）。

图 2-1-10

这样就实现了创建一个新的文件 subtract.py，同时旧的文件 add.py 仍然保留着。然后修改 substract.py，将其中第 3 行和第 4 行代码的加号修改为减号，然后保存文件（见图 2-1-11）。

```
num1=input("num1:")
num2=input("num2:")
num3=num1-num2
print num1,"-",num2,"=",num3
```

图 2-1-11

执行程序"$sudo python subtract.py"，注意修改要执行的程序文件名，不能是 add.py 了，可以先用向上方向键调出"sudo python add.py"，然后删除掉 add.py 再输入 subtract.py 从而达到目的，执行结果如图 2-1-12 所示。

提示：执行程序时，注意文件名不要输入错误，注意字母大小写，尽量不要使用大写，因为大小写是敏感的，如图 2-1-13 所示。

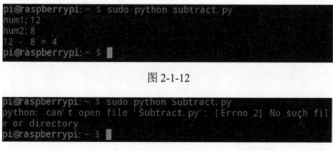

图 2-1-12

图 2-1-13

查看错误提示,文件名未找到,可能的原因有:(1)文件名错误;(2)目录下面没有这个文件,放到其他目录了;(3)文件未保存。

 练习

练习做两个程序,实现乘法和除法的运算,文件名可以自己取,注意乘法运算符是"*",除法运算符是"/"。

2.2 四则运算器

本节来做一个四则运算器,输入两个数字和一个运算符,让程序计算出结果。2.1 节做了加法计算器和减法计算器,课后练习做了乘法计算器和除法计算器。

再来复习一下,加法计算器:

```
num1=input("num1:")
num2=input("num2:")
num3=num1+num2
print num1,"+",num2,"=",num3
```

减法计算器:

```
num1=input("num1:")
num2=input("num2:")
num3=num1-num2
print num1,"-",num2,"=",num3
```

乘法计算器:

```
num1=input("num1:")
num2=input("num2:")
num3=num1*num2
print num1,"*",num2,"=",num3
```

除法计算器:

```
num1=input("num1:")
num2=input("num2:")
num3=num1/num2
```

```
print num1,"/",num2,"=",num3
```

大家发现没有，代码非常类似，有没有办法可以将 4 个程序合并起来，做成一个四则运算器呢？

如果程序在输入第一个数字之后，要求用户输入一个运算符号，然后输入第二个数字之后，程序判断运算符号是哪一个从而计算出正确的结果，这样就可以实现了。

问题来了，如何实现判断运算符号的程序呢？

2.2.1　0 和 1 的世界

计算机的世界是一个精确的世界，在计算机的世界里面，只有 0 和 1。因为计算机是由电驱动的，是由逻辑电路组成的，而逻辑电路只有两个状态，开关的接通和断开，这两种状态正好用 1 和 0 来表示。通过逢二进一规则，也就是二进制进行计算时，运算规则简单，有利于简化计算机内部结构，提高运算速度。

那什么是二进制，通常熟悉的阿拉伯数字都是十进制，也就是低位逢 10 向高位进 1，而二进制只有 0 和 1，所以变成逢 2 向高位进 1,我们来看下面最简单的一个计算,求 1011+11 的和，如图 2-2-1 所示。

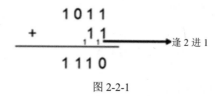

图 2-2-1

十进制的 1=二进制的 1

十进制的 2=二进制的 10

十进制的 3=二进制的 11

十进制的 4=二进制的 100

十进制的 5=二进制的 101

十进制的 6=二进制的 110

十进制的 7=二进制的 111

……

根据二进制计算规则，1011（11）+11（3）=1110（14）

大家再做一个二进制计算题，101+11，看看等于多少，然后转换为十进制看看。

2.2.2 布尔类型——Ture 和 False

真实世界中有一对概念，真和假。体现在计算机世界，就是布尔数据类型，True 和 False。主要的作用就是用来做逻辑判断，判断条件是否成立的。

例如：如果某某为真，则这样处理，否则，那样处理。

例如：如果今天下雨，则去图书馆看书，否则去操场踢足球。

这里的"今天下雨"就是一个逻辑判断，结果可能为 True，也可能为 False。如果为 True，则去图书馆看书，如果为 False，则去操场踢足球。

例如：如果考试分数>=60，则及格，否则不及格。

这里的"考试分数>=60"就是一个逻辑判断，结果可能为 True，也可能为 False。如果为 True，则及格，如果为 False，则不及格。

2.2.3 逻辑运算符——and、or 和 not

针对逻辑判断，有 3 种逻辑运算，从而可以组合形成更复杂的判断。

例如：如果今天下雨并且带伞，则去图书馆看书，否则如果今天下雨并且没打伞，则在家看书，否则去操场踢足球。

- not：逻辑非，不是

not 为相反的判断，针对一个逻辑值计算。

计算公式：not True = False， not False = True。

- and：逻辑与，并且

两者都为 True 则结果为 True 否则为 False，针对两个逻辑值计算。

计算公式：True and True = True， True and False = False， False and True = False, False and False = False。

- or：逻辑或，或者

两者任一为 True 则结果为 True，两者都是 False 才为 False，针对两个逻辑值计算。

计算公式：True or True = True， True or False = True， False or True = True， False or False = False。

计算一下：not True and not False = ？

如果一个逻辑运算里面包含了多个逻辑运算符，则存在优先级，就是谁先计算，谁后计算。

优先级按如下排：not，and，or，同级运算从左至右。

因此上面的计算结果应该是：not True 先运算，结果为 False，然后因为优先级 not 优先于 and，先计算后面的 not False，结果为 True，最后计算 False and True，最后结果为 False。

再计算一个：False or not True and not False = ？

2.2.4　if 判断语句

在 Python 程序里面，判断语句的格式是这样的：

```
if 逻辑运算结果 1=True :
    执行 A
elif 逻辑运算结果 2=True :
    执行 B
else :
    执行 C
```

执行的逻辑是：如果逻辑运算结果 1 为 True，则执行 A，否则，再判断逻辑运算结果 2 为 True，则执行 B，前面 2 个不满足则执行 C。

其中的执行 A、执行 B、执行 C，都是指一段代码，可以是 0 行或 1 行或多行代码，不是仅仅限定 1 行代码的意思。其中 elif 可以允许出现 0 个或 1 个或多个，else 可以允许出现 0 个或 1 个。冒号表示下面的代码行是一个新的段落，每个新的段落，通过在行首输入相同的空格来进行区分,简称缩进。

Python 最重要的规则:**整个程序中,缩进的空格数必须一致。**

如果用了 2 个空格作为缩进规则,则程序中所有的行的缩进规则都是 2 个空格。一般都习惯用 4 个空格或者 2 个空格作为缩进。例如假如执行 A 是 3 行代码,执行 B 是 4 行代码,执行 C 是 1 行代码,那么加起来的 8 行代码每一行的前面都应该是 4 个空格,表示这些代码都是相同的缩进格式。如果执行 A 的 3 行代码每一行用了 4 个空格,而执行 B 的 4 行代码每一行用了 8 个空格,那么程序执行时就会报错。

后面在具体做实验时可以体会。

if 判断语句举例:

- 单个分支:

```
if score>=60 :
    print "及格"
```

- 2 个分支:

```
if score>=60 :
    print "及格"
else :
    print "不及格"
```

- 3 个分支:

```
if score>=80 :
    print "良好"
elif score>=60 :
    print "及格"
else :
    print "不及格"
```

- 4 个分支:

```
if score>=90 :
    print "优秀"
elif score>=80 :
    print "良好"
elif score>=60 :
    print "及格"
```

```
else :
    print "不及格"
```

- 5 个分支：

```
if score==100 :
    print "满分"
elif score>=90 :
    print "优秀"
elif score>=80 :
    print "良好"
elif score>=60 :
    print "及格"
else :
    print "不及格"
```

2.2.5 用 if 语句判断输入的符号

回到最初的目标上来：四则运算器。首先，打开原来的 add.py 程序，另存为 cala.py 程序。然后在第 1 行结尾处按下"Enter"键，增加下面一行代码：

```
operate=input("your operate:")
```

如图 2-2-2 所示。

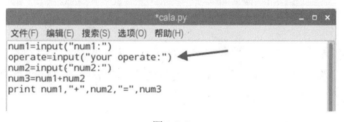

图 2-2-2

在 num3=num1+num2 这一行代码前面增加如下代码：

```
if operate=="+" :
```

在 num3=num1+num2 这一行代码前面增加 4 个空格（见图 2-2-3）。

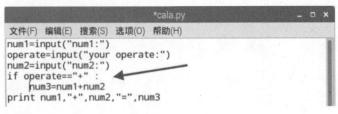

图 2-2-3

把 print 这一行代码里面的"+"修改为 operate，保存代码（见图 2-2-4）。

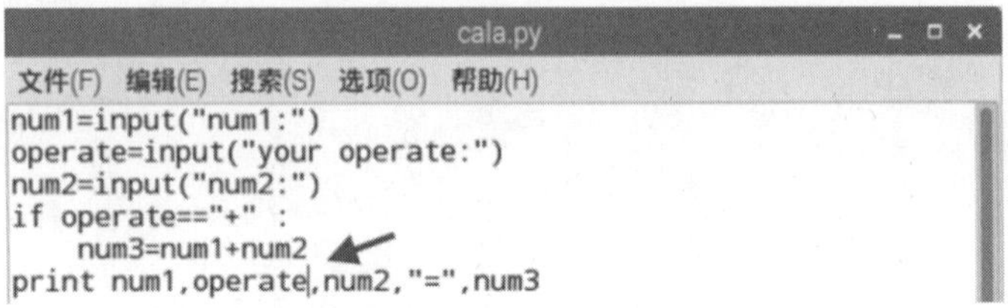

图 2-2-4

这样，加法已经可以运行了，先测试一下加法是否正确，如图 2-2-5 所示。

图 2-2-5

注意，在输入运算符时，一定要前后输入双引号，表示这是一个字符串。这样，程序里面判断语句 operate=="+" 才能正确进行判断，这里的"=="表示是逻辑判断，而 num1=的这个"="表示赋值操作符。

接下来，增加 elif 分支，判断减法、乘法和除法，在 print 这行代码前面增加如图 2-2-6 所示代码。

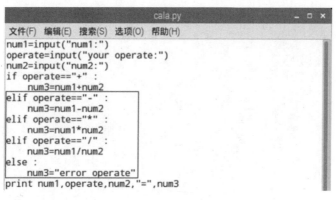

图 2-2-6

2.2.6 测试程序

代码写好之后,需要通过反复测试来确保程序是正确地按照预期的逻辑进行处理的,这就是测试,测试在软件工程中是非常重要的一环。

测试的目的:

(1)确保程序本身正确执行,不会崩溃或死循环,或者无法执行。

(2)确保程序按照设计和预期进行执行,得到的结果是正确和符合预期的。

(3)确保程序在不同环境或者不同条件情况下,仍然能够正常工作,当然这些条件都在设计之中。

下面,来测试刚刚做好的四则运算器,注意要让程序的每一种情况每一个分支都运行测试过(见图 2-2-7 和图 2-2-8)。

图 2-2-7

图 2-2-8

 练习

（1）输入一个分数，根据分数进行判断，大于等于 90 分屏幕输出 best，大于等于 80 分屏幕输出 good，大于等于 60 分屏幕输出 pass，其他分数屏幕输出 fail。

代码如下：

```
score=input("please input score:")
if score>=90 :
    print "best"
elif score>=80 :
    print "good"
elif score>=60 :
    print "pass"
else :
    print "fail"
```

运行结果如图 2-2-9 所示。

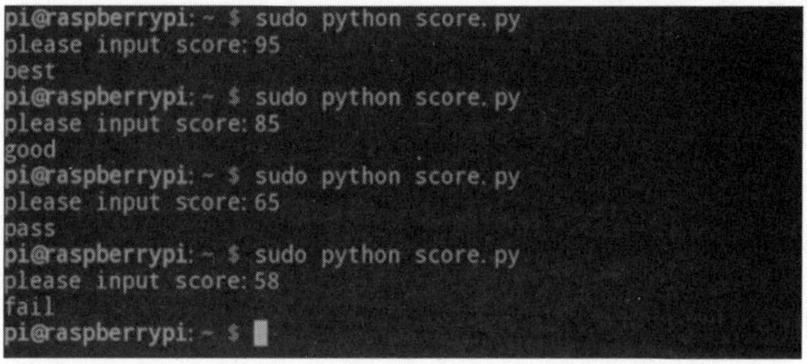

图 2-2-9

2.3 功能更丰富的四则运算器程序

本节将继续修改四则运算器，改成：用户输入计算结果，然后程序判断输入的结果是否正确。

2.3.1 增加注释行

到目前为止，我们已经写了不少程序文件了，add.py、subtract.py、cala.py、score.py。程序文件多了之后，会发现如何快速记起程序的内容和目的有点困难，特别是当别人来看你的代码时。为了帮助自己和别人，需要给程序增加一些描述文字和说明，这就是注释。

注释的格式是这样的：　　#注释内容

在行首如果是"#"开头，则表示这一行代码是注释，将不会被程序执行，即使"#"后面跟着的是代码。

将最早写的 add.py 文件拿出来，当时删掉了一行代码，其实也可以用注释来完成：

```
num1=input("num1:")
#print num1
num2=input("num2:")
num3=num1+num2
print num1,"+",num2,"=",num3
```

这样第 2 行代码就不会执行。

打开 score.py 文件，在最前面增加说明，如图 2-3-1 所示。

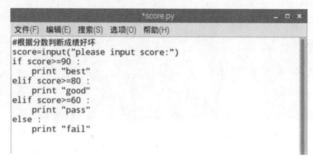

图 2-3-1

这样，每新做一个程序，就在程序最前面增加注释说明这个程序的目的是什么、作者是谁、什么时候创建的，方便其他人查看和了解。

再次执行程序，会发现提示错误如下，如图 2-3-2 所示。

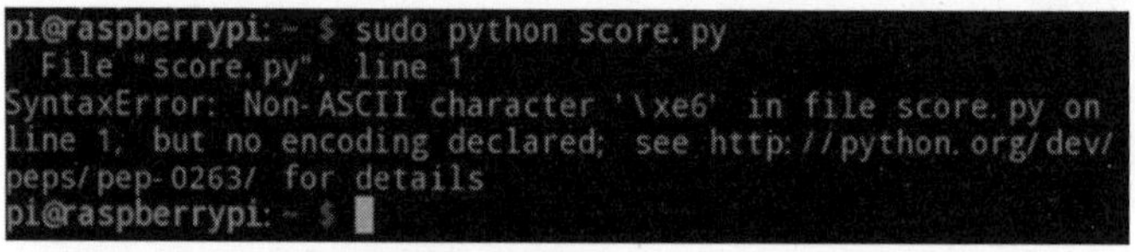

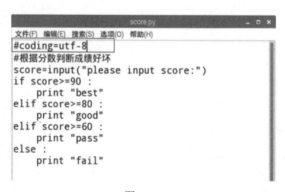

图 2-3-2

这是因为增加了中文的原因，解决的办法是指定文件的编码方式。

在文件第一行增加如图 2-3-3 所示代码。

图 2-3-3

再次执行代码，发现正常了。

2.3.2 让程序来判断输入的结果是否正确

接下来，开始改造之前写的四则运算器程序，改成让用户输入计算结果，然后程序自动判断结果是否正确。

首先，打开 cala.py 文件，另存为 cala_test.py。然后在程序开始处添加注释说明，如图 2-3-4 所示。

很明显，需要增加一个输入，让用户输入计算结果，然后判断计算结果 num3 和输入的结果是否一致，输出结果。

在 print 这行代码之前，增加如图 2-3-5 所示代码，然后把原来的 print 这行代码注释掉。

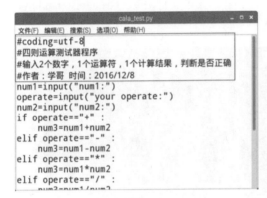

图 2-3-4

图 2-3-5

执行结果如图 2-3-6 所示。

图 2-3-6

大家在测试程序时，除了按照理想或者预期的数据进行输入之外，还要输入一些非预期的数据，这样才能够完整地测试代码是否完美。

比如上面的程序，如果在预期输入数字的地方，输入了一个字符 a，或者输入了带引号的"a"，或者在输入操作符的地方输入一个数字。看看会有什么结果，如果发现错误，应该如何修改，进行限制输入，如果不知道，可以自己去网上搜索，学会自己寻找答案。

2.3.3　让程序来出计算题目

输入数值和操作符太麻烦了，能不能让程序自己生成数值和操作符，只要输入结果，看看做对了没有，那多好。

那么，就来做 100 以内的加减乘除测试题目吧。将上面的文件另存为 cala_test_rand.py。完整代码如图 2-3-7 所示。

```
#coding=utf-8
#四则运算测试器，随机生成题目
#作者：学哥    时间：2017/1/12
import random
num1=random.randint(1,99)
num2=random.randint(1,99)
operateint=random.randint(1,4)
if operateint==1:
    operate="+"
elif operateint==2:
    operate="-"
elif operateint==3:
    operate="*"
else:
    operate="/"
print num1,operate,num2,"="

if operate=="+":
    num3=num1+num2
elif operate=="-":
    num3=num1-num2
elif operate=="*":
    num3=num1*num2
elif operate=="/":
    num3=num1/num2
else:
    num3="error operate"

result=input("your result:")
if num3==result:
    print "right"
else:
    print "error"
```

图 2-3-7

结果如图 2-3-8 所示。

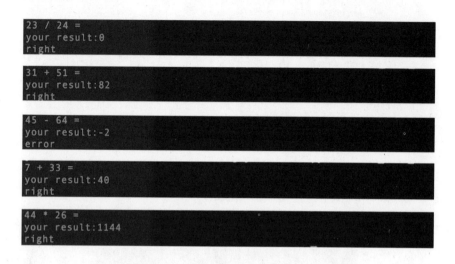

图 2-3-8

注意：测试时，除法是进行整除的，小数位舍弃。

代码说明

- import random　引入一个模块 random。
- random.randint(1,99)　生成一个 1 到 99 范围之内的随机整数。
- random.randint(1,4)　生成一个 1 到 4 范围之内的随机整数。

根据 1 到 4，将运算符设置为加减乘除。后续代码不变。

关于模块和函数，后续课程会详细说明，这里只要知道是什么就可以了。

 练习

输入数字 1～7 判断是星期几。程序类似如图 2-3-9 所示。

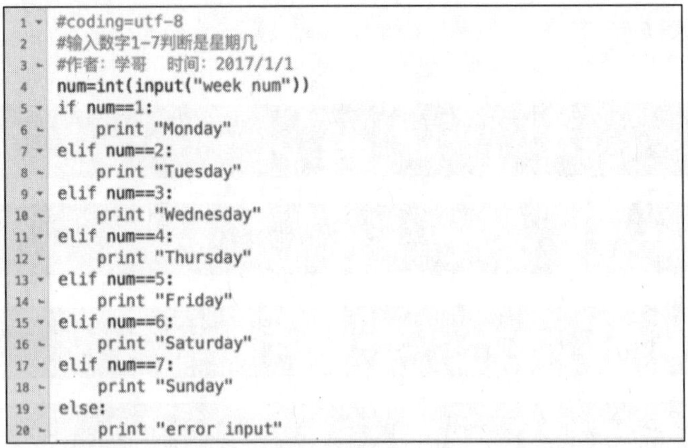

```
1  #coding=utf-8
2  #输入数字1-7判断是星期几
3  #作者：学哥    时间：2017/1/1
4  num=int(input("week num"))
5  if num==1:
6      print "Monday"
7  elif num==2:
8      print "Tuesday"
9  elif num==3:
10     print "Wednesday"
11 elif num==4:
12     print "Thursday"
13 elif num==5:
14     print "Friday"
15 elif num==6:
16     print "Saturday"
17 elif num==7:
18     print "Sunday"
19 else:
20     print "error input"
```

图 2-3-9

测试结果如图 2-3-10 所示。

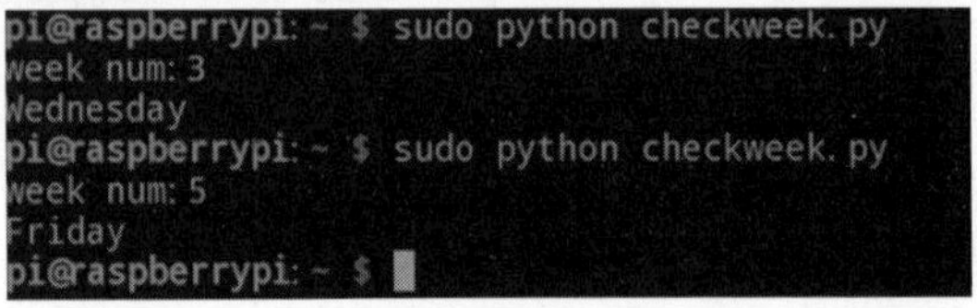

```
pi@raspberrypi:~ $ sudo python checkweek.py
week num: 3
Wednesday
pi@raspberrypi:~ $ sudo python checkweek.py
week num: 5
Friday
pi@raspberrypi:~ $
```

图 2-3-10

2.4　计算日期所属星座

本节仍然是复习 input 输入和 if 判断的用法，要做一个根据输入月份和日期输出是什么星座的程序。

2.4.1　输入月份和日期

要判断日期所属星座，先要输入月份和日期：

```
#coding=utf-8
#输入月份和日期输出是什么星座
#作者：学哥  时间：2017/1/1
month=int(input("month:"))
day=int(input("day:"))
```

```
print "month:",month,"day:",day
```

2.4.2 检查月份和日期是否正确

```
if month<1 or month>12:
    print "month must in 1-12"
if day<1 or day>31:
    print "day must in 1-31"
```

运行一下程序，如图 2-4-1 所示。

```
pi@raspberrypi:~ $ sudo python xingzuo.py
month: 3
day: 18
month: 3 day: 18
pi@raspberrypi:~ $ sudo python xingzuo.py
month: 2
day: 30
month: 2 day: 30
pi@raspberrypi:~ $ sudo python xingzuo.py
month: 13
day: 36
month must in 1-12
day must in 1-31
month: 13 day: 36
pi@raspberrypi:~ $
```

图 2-4-1

发现一个问题：月份判断没有问题，但是日期判断有问题，因为日期并不是每个月都有 31 天，根据月份不同，日期可能有 30 天、31 天，或者 28 天，如何检查呢？

判断修改如图 2-4-2 所示。

```
#coding=utf-8
#输入月份和日期输出是什么星座
#作者：学哥 时间：2017/1/1
month=int(input("month:"))
day=int(input("day:"))
if month<1 or month>12:
    print "month must in 1-12"
else:
    if month==2:
        if day<1 or day>28:
            print "day must in 1-28"
    elif month==4 or month==6 or month==9 or month==11:
        if day<1 or day>30:
            print "day must in 1-30"
    else:
        if day<1 or day>31:
            print "day must in 1-31"
print "month:",month,"day:",day
```

图 2-4-2

运行程序后如图 2-4-3 所示。

图 2-4-3

2.4.3 如何判断所输入的日期对应哪个星座

首先是要知道 12 个星座对应的日期分别是什么，如图 2-4-4 所示。

星座名称	出生日期（阳历）	构成元素	颜色	英文名称
白羊座	03月21日—04月20日	火	红	Aries
金牛座	04月21日—05月20日	土	绿	Taurus
双子座	05月21日—06月21日	空气	黄	Gemini
巨蟹座	06月22日—07月22日	水	白	Cancer
狮子座	07月23日—08月22日	火	橙	Leo
处女座	08月23日—09月22日	土	灰	Virgo
天秤座	09月23日—10月22日	空气	淡红	Libra
天蝎座	10月23日—11月21日	水	深红	Scorpio
射手座	11月22日—12月21日	火	紫红	Sagittarius
摩羯座	12月22日—01月19日	土	黑	Capricorn
水瓶座	01月20日—02月18日	空气	黑	Aquarius
双鱼座	02月19日—03月20日	水	蓝	Pisces

图 2-4-4

从这个表格里面，可以分析出一个规律来：在一个月里面，最多只可能有两种星座。

例如，1 月份，如果小于等于 19 日，则是摩羯座，否则就是水瓶座；2 月份，如果小于等于 18 日，则是水瓶座，否则就是双鱼座。

以此类推，此规则具有一致性，完整的程序如图 2-4-5～图 2-4-8 所示。

```
#coding=utf-8
#输入月份和日期输出是什么星座
#作者：学哥 时间：2017/1/1
month=int(input("month:"))
day=int(input("day:"))
if month<1 or month>12:
    print "month must in 1-12"
else:
    if month==2:
        if day<1 or day>28:
            print "day must in 1-28"
    elif month==4 or month==6 or month==9 or month==11:
        if day<1 or day>30:
            print "day must in 1-30"
    else:
        if day<1 or day>31:
            print "day must in 1-31"

if month==1:
    if day<=19:
        xingzuo="mojie"
    else:
        xingzuo="shuiping"
elif month==2:
    if day<=18:
```

图 2-4-5

```
        xingzuo="shuiping"
    else:
        xingzuo="shuangyu"
elif month==3:
    if day<=20:
        xingzuo="shuangyu"
    else:
        xingzuo="baiyang"
elif month==4:
    if day<=20:
        xingzuo="baiyang"
    else:
        xingzuo="jinniu"
elif month==5:
    if day<=20:
        xingzuo="jinniu"
    else:
        xingzuo="shuangzi"
elif month==6:
    if day<=21:
        xingzuo="shuangzi"
    else:
        xingzuo="juxie"
```

图 2-4-6

```
elif month==7:
    if day<=22:
        xingzuo="juxie"
    else:
        xingzuo="shizi"
elif month==8:
    if day<=22:
        xingzuo="shizi"
    else:
        xingzuo="chunv"
elif month==9:
    if day<=22:
        xingzuo="chunv"
    else:
        xingzuo="tiancheng"
elif month==10:
    if day<=22:
        xingzuo="tiancheng"
    else:
        xingzuo="tianxie"
```

图 2-4-7

```
elif month==11:
    if day<=21:
        xingzuo="tianxie"
    else:
        xingzuo="sheshou"
elif month==12:
    if day<21:
        xingzuo="sheshou"
    else:
        xingzuo="mojie"

print "month:",month,"day:",day,"xingzuo:",xingzuo
```

图 2-4-8

执行结果如图 2-4-9 所示。

```
month: 3
day: 21
month: 3 day: 21 xingzuo: baiyang
pi@raspberrypi:~ $ sudo python xingzuo.py
month: 3
day: 30
month: 3 day: 30 xingzuo: baiyang
pi@raspberrypi:~ $ sudo python xingzuo.py
month: 4
day: 2
month: 4 day: 2 xingzuo: baiyang
pi@raspberrypi:~ $ sudo python xingzuo.py
month: 4
day: 20
month: 4 day: 20 xingzuo: baiyang
pi@raspberrypi:~ $ sudo python xingzuo.py
month: 4
day: 21
month: 4 day: 21 xingzuo: jinniu
pi@raspberrypi:~ $
```

图 2-4-9

2.4.4 如何测试到每一种情况

程序很长，分支情况也特别多，测试需要尽量测试到每一种情况，程序的每一个分支都要走到。这里的星座可以这样测试，按照表格当中的星座次序从上往下测试，每个星座测试 4 个日期。

例如：白羊座是从 3 月 21 日到 4 月 20 日，那么开始日和结束日肯定是要测试的，然后是 3 月 31 日和 4 月 1 日。

上面测试的日期就是 3 月 21 日、3 月 31 日、4 月 1 日、4 月 20 日。

依此类推，其他星座都测试 4 个日期，这样可以尽量测试到所有的分支。

 练习

输入一个年份，判断是闰年还是平年。

提示 1：闰年的规则，能被 4 整除的年份是闰年，但要排除那些能被 100 整除并且不能被 400 整除的年份。

提示 2：判断是否能整除，利用求余运算符%，如果能被 4 整除，就是 x%4==0。

例如：2016 是闰年、2000 年是闰年、2100 年是平年。

2.5 Python 循环语句

本节讲述循环语句。程序执行顺序有 3 种，第 1 种最简单，按顺序执行；第 2 种是前面几节讲的分支执行，即根据情况执行分支的某一个，其余的不执行；第 3 种就是下面要讲的循环执行。这 3 种执行逻辑是所有计算机语言都通用的执行顺序逻辑。所有复杂的程序逻辑都是由这 3 种程序逻辑组成的。

2.5.1 什么是循环

循环就是当满足某种条件时反复执行相同的一段逻辑，直到条件不满足或者强制退出循环（见图 2-5-1）。

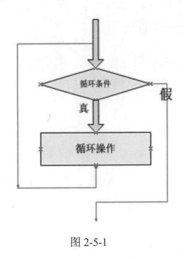

图 2-5-1

参照图 2-5-1 的逻辑顺序图，当满足循环条件时，执行循环操作，操作结束后再回到循环判断的地方，再次判断是否满足循环条件，如果满足则再次执行循环操作，假如不满足循环条件，则循环结束。

假如循环条件一直满足，则循环会一直进行下去，这就是"死循环"，写程序要避免这种情况。否则电脑就会持续执行程序，这不是我们希望的结果。

2.5.2　while 循环的语法

在 Python 程序里面，可以用 while 语法来实现循环，语法规则如下：

```
while 条件表达式为 True:
    循环操作 1
    循环操作 2
后续操作
```

例子：

```
name=input()
while name<>"michael":
    name=input()
print name
```

上述代码的意思：当输入名字不是 michael 时，则继续输入，直到输入了 michael 则停止，最后输出。

2.5.3 从 1 加到 100 求和

从 1 加到 100，大家都知道结果是 5050，那么如果用 Python 代码来计算，就需要用循环语法了。完整代码如图 2-5-2 所示。

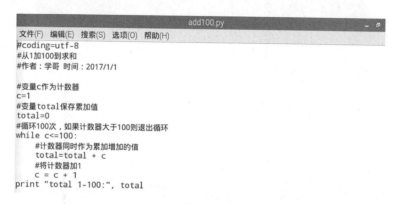

图 2-5-2

来模拟一下电脑执行的过程，如下：

```
c=1
total=0
循环判断 c=1 是小于或等于 100 条件满足
total=0+1=1
c=1+1=2
再次循环判断 c=2 是小于或等于 100 条件满足
total=1+2=3
c=2+1=3
再次循环判断 c=3 是小于或等于 100 条件满足
total=3+3=6
c=3+1=4
再次循环判断 c=4 是小于或等于 100 条件满足
total=6+4=10
c=4+1=5
再次循环判断 c=5 是小于或等于 100 条件满足
total=10+5=15
c=5+1=6
……
再次循环判断 c=99 是小于或等于 100 条件满足
total=4851+99=4950
c=99+1=100
再次循环判断 c=100 是小于或等于 100 条件满足
total=4950+100=5050
c=100+1=101
```

再次循环判断 c=101 是小于等于 100，条件不满足，循环结束。结果如图 2-5-3 所示。

图 2-5-3

可以看到结果是 5050。

注意，前面有一个错误，说文件不存在，这是因为在保存的时候忘记输入".py"，保存成"add100"文件名了，所以报错。碰到这种错误，重新保存一下文件名为"add100.py"，重新运行即可。

2.5.4　从 1 开始，连续 100 个奇数相加的结果是多少

从 1 开始，累加奇数，也就是 1，3，5，……，直到加了 100 个奇数。

需要将刚才的程序进行修改，关键是要累加的数不是连续的，那么计数器就不能作为累加的数，因此需要再增加一个变量用来存储奇数。

完整代码如图 2-5-4 所示。

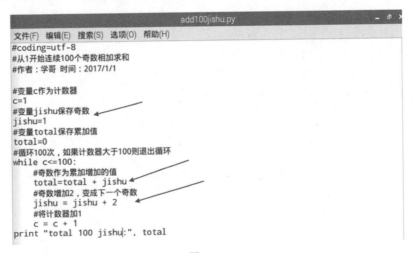

图 2-5-4

看看结果是否正确，正确结果应该是 10000，如图 2-5-5 所示。

```
pi@raspberrypi:~ $ sudo python add100jishu.py
total 100 jishu: 10000
pi@raspberrypi:~ $
```

图 2-5-5

2.5.5 从 2 开始，连续 50 个偶数相加的结果是多少

这个和前面的奇数相加的方法非常类似，请大家先不要往下看，自己先尝试修改程序试试看。代码如图 2-5-6 所示

```
#coding=utf-8
#从2开始连续50个偶数相加求和
#作者：学哥 时间：2017/1/1

#变量c作为计数器
c=1
#变量jishu保存偶数
oushu=2
#变量total保存累加值
total=0
#循环50次，如果计数器大于50则退出循环
while c<=50:
    #偶数作为累加增加的值
    total=total + oushu
    #偶数增加2，变成下一个偶数
    oushu = oushu + 2
    #将计数器加1
    c = c + 1
print "total 50 oushu:", total
```

图 2-5-6

结果如图 2-5-7 所示。

```
pi@raspberrypi:~ $ sudo python add50oushu.py
total 50 oushu: 2550
pi@raspberrypi:~ $
```

图 2-5-7

2.5.6 从 1 月 1 日到 12 月 31 日的每一天分别是什么星座

前面做过星座判断程序，输入月份和日期，输出所属星座，现在把程序修改成不需要输入，而是循环输出从 1 月 1 日到 12 月 31 日每一天都分别是什么星座，这样，要在原来程序的基础上修改，增加循环语法。

在开始修改之前，要学习一个新知识：如何从循环中强制退出。

```
while 条件表达式为True:
    循环操作1
    break
    循环操作2
后续操作
```

在循环内部，用 break 退出循环，程序执行到 break 这一行，就直接退出 while 循环，break 这行后面的代码将不再执行。上面的"循环操作 2"这行代码永远也不会触发执行，也就是上面这个循环其实只循环一次还未结束就退出了。

因此，一般会在 break 之前做一个条件判断，满足某种条件才会退出循环，如下：

```
while 条件表达式为True:
    循环操作1
    if 条件表达式2为True:
        break
    循环操作2
后续操作
```

这样，当条件表达式 2 为 True 时，才会退出循环，否则，继续进行循环。

现在开始修改原来的星座判断程序，先将程序另存为"xingzuoall.py"。将前面的输入语句，以及判断输入语句都注释掉，如图 2-5-8 所示。

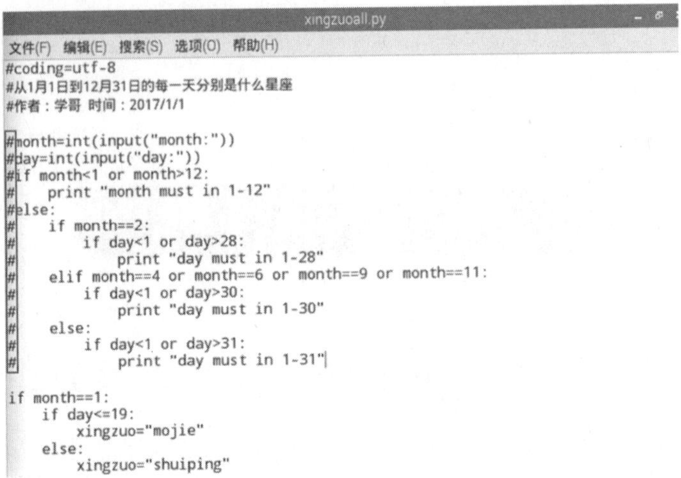

图 2-5-8

增加初始化变量 month 和 day，从 1 月 1 日开始。

```
month = 1
```

```
day = 1
```

增加 while 循环,并且条件永远为 True,在循环里面准备用 break 退出。循环内部,先利用原来的星座判断逻辑,得到星座并输出,注意要将所有代码增加缩进空格。

将 day 加 1,再次进入循环,当 day 到达 31 的时候,将 month 加 1,进入下一个月,并且将 day=1,继续下个月处理。当 month 到达 13 的时候,就可以用 break 退出循环了。

关键代码如图 2-5-9~图 2-5-11 所示。

图 2-5-9

图 2-5-10

```
elif month==10:
    if day<=22:
        xingzuo="tiancheng"
    else:
        xingzuo="tianxie"
elif month==11:
    if day<=21:
        xingzuo="tianxie"
    else:
        xingzuo="sheshou"
elif month==12:
    if day<21:
        xingzuo="sheshou"
    else:
        xingzuo="mojie"
print "month:",month,"day:",day,"xingzuo:",xingzuo
```

```
day=day+1         日期逐渐增加，到31月份增加，到13月退出循环
if day>31:
    month=month+1
    day=1
    if month>12:
        break
```

图 2-5-11

写完程序之后，按照程序执行的逻辑顺序在脑子里过一遍，如果记不住变量当前存储的值，可以用纸和笔进行记录。总之要模拟执行一遍，确保程序是按照预想的逻辑运行的，得到预期的结果。

运行程序，结果如图 2-5-12 和图 2-5-13 所示。

```
pi@aspberrypi:~ $ sudo python xingzuoall.py
month: 1 day: 1 xingzuo: mojie
month: 1 day: 2 xingzuo: mojie
month: 1 day: 3 xingzuo: mojie
month: 1 day: 4 xingzuo: mojie
month: 1 day: 5 xingzuo: mojie
month: 1 day: 6 xingzuo: mojie
month: 1 day: 7 xingzuo: mojie
month: 1 day: 8 xingzuo: mojie
month: 1 day: 9 xingzuo: mojie
month: 1 day: 10 xingzuo: mojie
month: 1 day: 11 xingzuo: mojie
month: 1 day: 12 xingzuo: mojie
month: 1 day: 13 xingzuo: mojie
month: 1 day: 14 xingzuo: mojie
month: 1 day: 15 xingzuo: mojie
```

图 2-5-12

```
month: 2 day: 27 xingzuo: shuangyu
month: 2 day: 28 xingzuo: shuangyu
month: 2 day: 29 xingzuo: shuangyu     没有按大小月处理
month: 2 day: 30 xingzuo: shuangyu
month: 2 day: 31 xingzuo: shuangyu
month: 3 day: 1 xingzuo: shuangyu
month: 3 day: 2 xingzuo: shuangyu
month: 3 day: 3 xingzuo: shuangyu
```

图 2-5-13

结果输出从 1 月 1 日到 12 月 31 日每一天的星座。但是有不完美的地方，就是大小月没有

处理，因此存在一些不可能的日期。

再次修改，判断日期>31 的地方，将 31 替换为一个变量 maxday。maxday 初始值为 31，根据当前 month 修改 maxday 为 28 或者 30。修改代码如图 2-5-14 所示。

```
day=day+1
maxday=31
if month==2:
    maxday=28
elif month==4 or month==6 or month==9 or month==11:
    maxday=30
if day>maxday:
    month=month+1
    day=1
    if month>12:
        break
```

图 2-5-14

再次运行代码，发现每个月的处理都正确了，核对星座的日期范围也正确了。

通过本节的讲解和练习，我们学会了循环，以后会经常用到的。

大家要反复练习，要做到正确掌握代码之后，能够自己从零开始将整个代码重写出来。只有做到滚瓜烂熟，才能掌握其中的窍门，不要害怕错误，编程水平就是在反复的错误和修改当中不断提高的。

2.6 循环的更多用法——斐波拉契数列

本节继续讲解循环的更多用法。

输出斐波拉契数列，打印 100 个数字。

提示：斐波拉契数列就是 1，1，2，3，5，8，13，21，34，55，89……这个数列从第 3 项开始，每一项都等于前两项之和。

思路如下：

（1）需要一个计数器变量 n 用来计数，while 循环当计数器大于 100 时就退出循环；

（2）需要两个变量 a 和 b 用来存储相邻的两个数，比如 1 和 2，或者 2 和 3，等等；

（3）需要一个变量 x 来计算 $a+b$ 的结果；

（4）关键的一点，需要利用变量赋值来将计算公式向后移动一个数字，$a=b$，$b=x$ 再次循环。

程序如图 2-6-1 所示。

```
#coding=utf-8
#斐波拉契数列，求第100个数字
#作者：学哥  时间：2017/1/5

#变量a保存前一个数
a=1
print 1,a
#变量b保存后一个数
b=1
print 2,b
#变量n作为计数器
n=3
#循环100次，如果计数器大于100则退出循环
while n<=100:
    #计算下一个数
    x=a+b
    print n,x
    #前一个数等于后一个数
    a=b
    #后一个数等于下一个数
    b=x
    #将计数器加1
    n=n+1
```

图 2-6-1

执行结果如图 2-6-2 和图 2-6-3 所示。

```
pi@raspberrypi:~ $ sudo python feibolaqi.py
1 1
2 1
3 2
4 3
5 5
6 8
7 13
8 21
9 34
10 55
11 89
12 144
13 233
14 377
15 610
16 987
17 1597
18 2584
19 4181
```

图 2-6-2

```
82  613057907216 11591
83  99194853094755497
84  160500643816367088
85  259695496911122585
86  420196140727489673
87  679891637638612258
88  1100087778366101931
89  1779979416004714189
90  2880067194370816120
91  4660046610375530309
92  7540113804746346429
93  12200160415121876738
94  19740274219868223167
95  31940434634990099905
96  51680708854858323072
97  83621143489848422977
98  135301852344706746049
99  218922995834555169026
100 354224848179261915075
pi@raspberrypi:~ $
```

图 2-6-3

顺便说一句，斐波拉契数列的别称是黄金分割数列，也就是随着数列项数的增加，前一项与后一项之比越来越逼近黄金分割的数值 0.6180339887…

2.7 练习使用循环和判断语句

2.7.1 已知 2017/1/1 是星期天，输出 2017 年每一天是星期几

接下来，再做一个程序，练习使用循环和判断语句，判断 2017 年的每一天分别是星期几，输出就用 1~7 分别表示星期一到星期天。

思路如下：

（1）要对 2017 年的每一天进行循环；

（2）循环当中，要知道当前是这一年里面的第几天；

（3）关键点，根据第几天，对 7 求余数，求余数 Python 用%来计算，余数的值是从 0 到 $n-1$，例如：1%7=1,2%7=2,...6%7=6,7%7=0,8%7=1,9%7=2...

（4）因为 2017 年 1 月 1 日并不是正好星期一，所以需要增加一个偏移量来校正星期几；

（5）输出星期几的时候需要加 1，因为输出是要 1~7，但是求余的结果却是 0~6。

前面做过一个程序,输出了一年当中每一天分别是什么星座,可以利用这个程序的循环语法,将判断星座的程序修改为判断星期的程序。

打开 2.4 节编写的程序 xingzuoall.py,另存为 getweek2017.py,然后删除掉注释部分代码,删除掉星座判断部分代码,剩下代码如图 2-7-1 所示。

```
#coding=utf-8
#求2017年每一天是星期几
#作者:学哥 时间:2017/1/5

month=1
day=1

while True:

    print "month:",month,"day:",day,"xingzuo:",xingzuo

    day=day+1
    maxday=31
    if month==2:
        maxday=28
    elif month==4 or month==6 or month==9 or month==11:
        maxday=30
    if day>maxday:
        month=month+1
        day=1
        if month>12:
            break
```

图 2-7-1

在循环外面增加一个计数器,用来存储是一年中的第几天,如图 2-7-2 所示。

```
#coding=utf-8
#求2017年每一天是星期几
#作者:学哥 时间:2017/1/5

month=1
day=1
n=0           ← 增加两行代码
while True:
    n=n+1

    print "month:",month,"day:",day,"xingzuo:",xingzuo

    day=day+1
    maxday=31
    if month==2:
        maxday=28
    elif month==4 or month==6 or month==9 or month==11:
        maxday=30
    if day>maxday:
        month=month+1
        day=1
        if month>12:
            break
```

图 2-7-2

增加一个变量 week 计算是星期几，并修改输出内容：

```
week= ( n + 5 ) % 7 + 1
print "2017",month,day,week
```

我们知道%7 的结果范围是 0~6，然后后面+1，结果范围就肯定是 1~7，关键是当中的 +5 这个偏移量怎么得来的？是根据 2017-1-1 是星期天等于 7，并且是第 1 天，然后倒推算出来偏移量的，推算逻辑如下，这个学过方程式的应该能够理解：

```
week = ( n + x ) % 7 + 1
week = 7
n = 1
7 = ( 1 + x ) % 7 + 1
6 = ( 1 + x ) % 7
6 = 1 + x
5 = x
```

完整的代码如图 2-7-3 所示。

```
#coding=utf-8
#求2017年每一天是星期几
#作者：学哥 时间：2017/1/5

month=1
day=1
n=0

while True:
    n=n+1
    week = ( n + 5 ) % 7 + 1
    print "2017",month,day,week

    day=day+1
    maxday=31
    if month==2:
        maxday=28
    elif month==4 or month==6 or month==9 or month==11:
        maxday=30
    if day>maxday:
        month=month+1
        day=1
        if month>12:
            break
```

图 2-7-3

计算结果如图 2-7-4 所示。

图 2-7-4

检查第 1 天和最后 1 天看看结果是否正确。

2.7.2　输出 2016 年的每一天是星期几

如果要计算 2016 年的每一天是星期几,关键的一点是 2016-1-1 是星期几,计算出偏移量。大家根据前面计算偏移量的公式自己计算一下,先不要看下面的答案,看看算得对吗:

```
week = ( n + x ) % 7 + 1
week = 5
n = 1
5 = ( 1 + x ) % 7 + 1
4 = ( 1 + x ) % 7
4 = 1 + x
3 = x
```

修改一下程序,另存为 getweek2016.py,先不要看下面的程序,自己看看结果对吗。修改代码如图 2-7-5 所示。

计算结果如图 2-7-6 所示。

大家仔细检查,是否发现最后一天不对了,那么再往前仔细检查一下看看是从哪一天开始不对的,为何不对呢。最后发现,2016 年是闰年,2 月份是 29 天,那么,大家知道应该修改哪里吗?

应该将 max=28 这一行修改为 max=29。保存代码,再次运行,这次结果就正确了。

```
#coding=utf-8
#求2016年每一天是星期几
#作者：学哥 时间：2017/1/5

month=1
day=1
n=0

while True:
    n=n+1
    week = ( n + 3 ) % 7 + 1
    print "2016",month,day,week

    day=day+1
    maxday=31
    if month==2:
        maxday=28
    elif month==4 or month==6 or month==9 or month==11:
        maxday=30
    if day>maxday:
        month=month+1
        day=1
        if month>12:
            break
```

图 2-7-5

```
2016 12 26 7
2016 12 27 1
2016 12 28 2
2016 12 29 3
2016 12 30 4
2016 12 31 5
pi@raspberrypi:~ $
```

图 2-7-6

2.7.3 输入一个年份，判断是闰年还是平年

还记得 1.9 节的课后作业吗？结果应该如图 2-7-7 才是正确的。

```
pi@raspberrypi:~ $ sudo python isrunnian.py
year: 2016
2016  is runnian
pi@raspberrypi:~ $ sudo python isrunnian.py
year: 2100
2100  is pingnian
pi@raspberrypi:~ $ sudo python isrunnian.py
year: 2000
2000  is runnian
pi@raspberrypi:~ $ sudo python isrunnian.py
year: 2017
2017  is pingnian
pi@raspberrypi:~ $
```

图 2-7-7

如果自己写的代码结果不对，那么就再次思考一下，重新修改，不要急着看答案。程序如

图 2-7-8 所示。

```
#coding=utf-8
#判断输入年份是否闰年
#作者：学哥 时间：2017/1/6

isrunnian=False
year=int(input("year:"))
if year%4 == 0:
    isrunnian=True
    if year%100==0 and year%400<>0:
        isrunnian=False

if isrunnian:
    print year," is runnian"
else:
    print year," is pingnian"
```

图 2-7-8

大家再次思考一下，可以用一行判断代码来实现吗？

提示一下，可以用到 not 这个逻辑运算符，注意 not 和 and 如果并列在一起，是哪个优先级更高，提高优先级可以用()将需要优先运算的条件表达式括起来。

程序如 2-7-9 所示。

```
#coding=utf-8
#判断输入年份是否闰年，一行代码实现
#作者：学哥 时间：2017/1/6

year=int(input("year:"))
if year%4==0 and not (year%100==0 and year%400<>0):
    print year," is runnian"
else:
    print year," is pingnian"
```

图 2-7-9

 练习

输入一个年月日日期，判断是星期几。

程序逻辑提示：

先确认一个锚点，也就是 1900-1-1 为星期一=0，然后计算输入的年月日日期和 1900-1-1 相差多少天，根据相差天数对 7 求余，然后根据偏移量即可算出。

关键点在于计算相差多少天，因为输入的日期和 1900 年是跨多年的，需要用循环累计计算当中每一年的总天数，这个时候就需要判断当中每一年是闰年还是平年。

输入年月日，判断年份的范围必须在 1900 到 2100 之间，判断月份的范围必须在 1 到 12 之间，然后根据年份和月份得出这个月的最大日期为 maxday，大月 31／小月 30／2 月份要根据闰年与否可能是 28 或者 29，判断日期的范围必须在 1 到 maxday 之间，如果检查全部通过，则继续处理，相差总天数=0，年份循环：从 1900 到输入的年份，根据是否闰年，相差总天数累加 365 天或者 366 天，月份循环：从 1 到输入的月份，求的每个月的 maxday，相差总天数累计为 31、30、28、29 中的一个，计算输入日期和 1 日之间相差多少天，相差总天数累计该天数，得到了从 1900 年 1 月 1 日到输入的年月日之间相差的总天数，然后根据公式计算 week=（$n+x$）%7＋1，偏移量为 0（见图 2-7-10 和图 2-7-11）。

```python
#coding=utf-8
#求任意输入日期是星期几
#作者：学哥  时间：2017/1/9

year=int(input("year:"))
month=int(input("month:"))
day=int(input("day:"))

#检查年份范围为1900到2100
checkinput=True
if year<1900 or year>2100:
    print "year must in 1900-2100"
    checkinput=False
#检查月份范围为1到12
if month<1 or month>12:
    print "month must in 1-12"
    checkinput=False
#检查日期，根据年和月进行判断
#先根据月份取得该月的日期最大值
maxday=31
if month==2:
    #判断是否为闰年
    maxday=28
    if year%4==0 and not (year%100==0 and year%400<>0):
        maxday=29
elif month==4 or month==6 or month==9 or month==11:
    maxday=30
#检查日期范围为1到maxday
if month<1 or month>maxday:
    print "day must in 1-",maxday
    checkinput=False

#只有所有检查都通过，才进行处理
if checkinput:

    #从1900年开始循环，计算到输入日期之间隔了多少天
    #累计日期总数
    daycount=0
    #年份
    theyear=1900
    #月份
    themonth=1
    #日期
    theday=1
```

图 2-7-10

```
46    #年份循环
47    while theyear<year:
48        adddays=365
49        #如果是闰年，则加366天
50        if theyear%4==0 and not (theyear%100==0 and theyear%400<>0):
51            adddays=366
52        #日期累加365天或者366天
53        daycount=daycount+adddays
54        #年份加1
55        theyear=theyear+1
56
57    #年份循环到了输入的年
58    #月份循环
59    while themonth<month:
60        adddays=31
61        if themonth==2:
62            #判断是否为闰年
63            adddays=28
64            if year%4==0 and not (year%100==0 and year%400<>0):
65                adddays=29
66        elif themonth==4 or themonth==6 or themonth==9 or themonth==11:
67            adddays=30
68        #日期累加31天或者28天或者30天
69        daycount=daycount+adddays
70        #月份加1
71        themonth=themonth+1
72
73    #年份和月份循环到了输入的年和月
74    #日期相差
75    adddays=day-theday
76    #累计相差总天数
77    daycount=daycount+adddays
78    print "daycount:",daycount
79
80    #根据累计相差总天数加上偏移量，对7求余，然后加1
81    #1900年1月1日是星期一，偏移量为0
82    week = ( daycount + 0 ) % 7 + 1
83    print "week:",week
84
85
86
```

图 2-7-11

这里注意循环的方式，采用先循环年，再循环月的方式可以减少循环次数，要注意<和<=的区别。当然也可以采用逐日循环的方式，那样循环次数就比较多，但是概念上更好理解。结果如 2-7-12 所示。

图 2-7-12

程序需要的要素前面都已经讲过了，这个课后作业就是要将全部要素集成起来，还是有点难度哦，大家加油！

第 3 章

Python 编程语言进阶

3.1 列表类型

本节继续学习如何更好地使用循环语法，学习一个新的数据类型：列表。

3.1.1 认识列表类型

列表是最常用的 Python 数据类型，格式是用一个方括号，内部用逗号分隔数据值。列表的数据值可以有不同的数据类型，比如字符串、数字、列表等。

例如：

```
list1 = ["a", "b", "c", "d", "e"]
list2 = [1, 1, 2, 3, 5, 8, 13]
list3 = ["a", "b", 3, 8]
list5 = ["星期一", "星期二", "星期三", "星期四", "星期五", "星期六", "星期天"]
```

3.1.2 访问列表中的值

使用下标索引来访问列表中的值，索引序号从 0 开始，用负数则表示从末尾向前倒序序号，也可以使用方括号的形式截取列表的一部分。

打开"LX 终端"，进入 Python 环境，输入以下语句，进行体验，如图 3-1-1 所示。

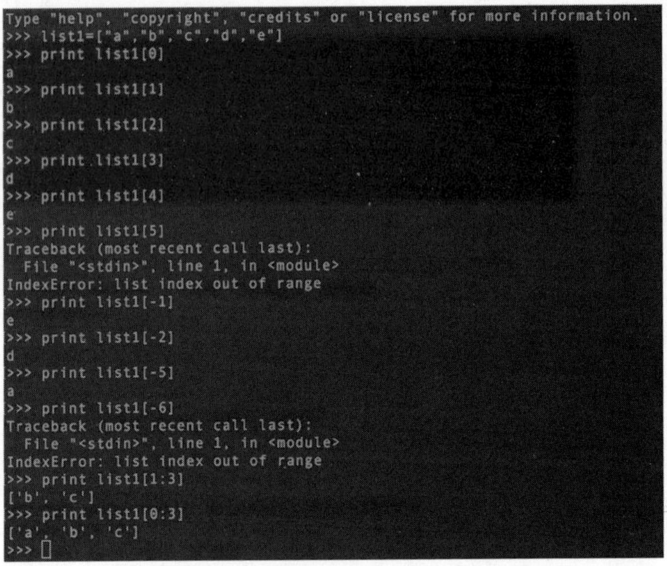

图 3-1-1

3.1.3 更新列表

可以对列表的数据项进行修改,运行以下例子进行体会,如图 3-1-2 所示。

```
>>> list2=["a","b","c","d","e"]
>>> print list2[1]
b
>>> list2[1]="x"
>>> print list2
['a', 'x', 'c', 'd', 'e']
>>>
```

图 3-1-2

3.1.4 追加列表元素

使用 list.append()来向列表最后追加一个元素,运行以下例子进行体会,如图 3-1-3 所示。

```
>>> list2=["a","b","c","d","e"]
>>> print list2
['a', 'b', 'c', 'd', 'e']
>>> list2.append("f")
>>> print list2
['a', 'b', 'c', 'd', 'e', 'f']
>>>
```

图 3-1-3

3.1.5 删除列表元素

使用 del 语句来删除列表中的元素,运行以下例子进行体会,如图 3-1-4 所示。

```
>>> list3=["a","b","c","d","e"]
>>> print list3
['a', 'b', 'c', 'd', 'e']
>>> del list3[2]
>>> print list3
['a', 'b', 'd', 'e']
>>>
```

图 3-1-4

3.1.6 如何遍历列表

遍历列表有两种办法,对应的分别是 while 循环和 for 循环。

用函数 len(list)可以获得列表元素的总个数,然后用一个计数器进行 while 循环,如图 3-1-5 所示。

```
>>> list4=["a","b","c","d","e"]
>>> print len(list4)
5
>>> listlen=len(list4)
>>> c=0
>>> while c<listlen:
...     print list4[c]
...     c=c+1
...
a
b
c
d
e
>>>
```

图 3-1-5

用 "for item in list:" 语法遍历整个 list。

循环的次数就是 list 的元素总个数，每次循环将 list 的元素按次序取出，赋值给 item 变量，循环内部的 item 就是不一样的值，如图 3-1-6 所示。

```
>>> list5=["a","b","c","d","e"]
>>> for item in list5:
...     print item
...
a
b
c
d
e
>>> c=0
>>> for item in list5:
...     print c,item
...     c=c+1
...
0 a
1 b
2 c
3 d
4 e
>>>
```

图 3-1-6

下面开始学习一个新的语法，for 循环。那么，while 循环和 for 循环的区别在哪里？while 循环根据条件判读式决定是否继续循环，for 循环是根据 list 元素的总数遍历 list 进行循环的。一般而言，如果需要对 list 列表循环就用 for，否则就用 while。while 和 for 循环都可以用 break 强制退出循环。

3.1.7　使用更简单的方法实现"输入数字 1~7，判断是星期几"

掌握了列表数据类型后，会发现很多程序更容易实现了。

前面做过一个程序，输入数字 1~7，判断是星期几，原来的代码需要很多的 if 判断语句，现在只要定义一个列表，然后直接用序号索引去访问就实现了，注意列表序号是从 0 开始的，但是输入的是 1~7，所以访问列表的序号是 num-1。

完整程序，如图 3-1-7 所示。

```
#coding=utf-8
#输入序号1~7判断是星期几列表实现
#作者：学哥　时间：2017/1/9

num=int(input("week num:"))
weeks=["Monday","Tuesday","Wednesday","Thursday","Friday","Saturday","Sunday"]
if num>=1 and num<=7:
    print weeks[num-1]   ← 关键
else:
    print "error input"
```

图 3-1-7

结果如图 3-1-8 所示。

```
week num:3
Wednesday
```

图 3-1-8

3.1.8　改造星座判断程序

参照上面程序的做法，将星座判断程序改造成使用列表来处理，程序会精简很多。打开之前的文件 xingzuo.py，另存为 xingzuolist.py，代码如图 3-1-9 所示。

结果如图 3-1-10 所示。

```
#coding=utf-8
#输入月份和日期输出是什么星座列表实现
#作者：学哥    时间：2017/1/9

month=int(input("month:"))
day=int(input("day:"))

#月份检查，换一个方法
if month>=1 and month<=12:
    #日期检查，换一个方法
    maxday=31
    if month==2:
        maxday=28
    elif month==4 or month==6 or month==9 or month==11:
        maxday=30
    if day>=1 and day<=maxday:
        #开始判断星座
        xingzuo_checkday=[19,18,20,20,20,21,22,22,22,21,21]
        xingzuo_list=["摩羯座","水瓶座","双鱼座","白羊座","金牛座","双子座","巨蟹座","狮子座","处女座","天秤座","天蝎座","射手座","摩羯座"]
        if day<=xingzuo_checkday[month-1]:
            xingzuo=xingzuo_list[month-1]
        else:
            xingzuo=xingzuo_list[month]
        print "month:",month,"day:",day,"xingzuo:",xingzuo
    else:
        print "day must in 1-",maxday
else:
    print "month must in 1-12"
```

图 3-1-9

```
month:3
day:13
month: 3 day: 13 xingzuo: 双鱼座

month:7
day:23
month: 7 day: 23 xingzuo: 狮子座

month:12
day:22
month: 12 day: 22 xingzuo: 摩羯座
```

图 3-1-10

请大家认真学习这个程序，和以前的写法有不一样的地方，逻辑更严密了。

关键的语句就在两个 list 的定义下面的判断语句和赋值语句。尤其是需要注意为何 xingzuo_list 里面是 13 个元素，不是 12 个元素呢？请大家思考理解。

练习

（1）继续改造上面的星座判断程序，日期判断也用 list 实现，代码更简洁。

主要思路是将 1—12 月每个月的日期最大天数放到 list 中，可以用 month-1 作为序号直接取出用于判断，如图 3-1-11 所示。

图 3-1-11

大家如果已经按照以前的要求测试了各种情况，则会发现这个程序有错误，请大家找出来并修改正确。

（2）输入邮政编码前两位数字判断是哪个省份。

程序逻辑提示：

去网上搜索一个邮政列表，里面是关于邮政编码前两位各自对应的省份名称，然后参考上面的星座判断程序编写，注意先用 list，然后用 for 循环。

从网上搜索到每个省份的邮政编码，例如北京是 10，上海是 20，等等。

将这些信息作成两个 list，里面元素个数相同，postcodes 存放数字 10、20 等，provinces 里存放省份名称如北京、上海等。然后输入一个邮政编码数字。

循环外面存放一个变量 index 用于记录数组序号。对 postcodes 用 for 进行循环，循环里面判断输入的邮政编码是否等于 postcodes 元素数据，如果相等，则根据序号去访问 provinces 的元素，记录数据到变量 value。如果 value 有值，则输出，否则输出邮政编码不正确。

代码如图 3-1-12 所示。

```python
#coding=utf-8
#输入邮政编码前两位数字判断输出是哪个省份
#作者：学哥  时间：2017/1/10

inputcode=int(input("postcode:"))

#邮政编码前两位
postcodes=[10,20,30,40,1,2,3,4,5,6,7,11,12,13,15,16,21,22,23,24,25,26,\
    27,31,32,33,34,35,36,41,42,43,44,45,46,47,51,52,53,54,55,56,57,61,\
    62,63,64,65,66,67,71,72,73,74,75,81,83,84,85,86,99]
#对应的省份名称
provinces=["北京","上海","天津","重庆","内蒙","内蒙","山西","山西","河北","河北",\
    "河北","辽宁","辽宁","吉林","黑龙江","黑龙江","江苏","江苏","安徽","安徽","山东",\
    "山东","山东","浙江","浙江","江西","江西","福建","福建","湖南","湖南","湖北",\
    "湖北","河南","河南","河南","广东","广东","广西","广西","贵州","贵州","海南",\
    "四川","四川","四川","四川","云南","云南","云南","陕西","陕西","甘肃","甘肃",\
    "宁夏","青海","新建","新建","西藏","西藏","港澳台"]

#用于记录访问列表的序号
index=0
#用于存储匹配上的省份名称
value=""

#遍历邮政编码list
for onecode in postcodes:
    #如果匹配上
    if onecode==inputcode:
        #根据序号访问省份名称
        value=provinces[index]
        #如果找到直接退出循环
        break
    #序号加1
    index=index+1

if value=="":
    print "post code error"
else:
    print "province:",value
```

图 3-1-12

这里注意，一行代码太长，如要拆分，则用"\"符号，下面的行前面可以缩进也可以不缩进，缩进看起来更舒服。

结果如图 3-1-13 所示。

图 3-1-13

3.2 数据类型转换

本节主要讲述如何进行数据类型转换。

3.2.1 统计包含"2"的数字总个数

下面来做一个新的题目,统计 1~1000 中包含数字 2 的数字总个数。

编程思路:

首先设置一个变量用于累计含 2 数字的总个数;然后使用一个循环,从 1 循环到 1000,可以用 while 循环,能否用 for 循环呢?针对循环里面的每一个数字,判断该数字是否包含了数字 2。如果包含,则累计总个数加 1。最后打印输出累计的总个数。

那么关键点在于如何判断该数字是否包含了数字 2。

人脑在思考的时候,肯定是依次判断数字的每一位数字,是否等于 2,如果等于则认为包含了,但是计算机程序则不同,前面用的循环是数字类型,数字类型要判断每一位是否等于 2,要对数字 10,100,1000,……等进行整除计算,这样做起来有点复杂,如果把数字转换为字符串类型,然后遍历字符串的每一位,判断是否等于字符串"2",就方便很多。

这个问题暂且放下,下面先学习一下数据类型转换的知识再来做题。

3.2.2 标准数据类型

在内存中存储的数据可以有多种类型。例如年份用数字来存储，名称用字符串来存储。

Python 有 5 个标准的数据类型：

- Numbers（数字）
- String（字符串）
- List（列表）
- Tuple（元组）
- Dictionary（字典）

前面已经接触的是 Numbers、String、List。

其中 Numbers（数字）支持 4 种数字类型：

- int（有符号整型）
- long（长整型）
- float（浮点数）
- complex（复数）

整数大家能理解，浮点数就是小数，例如 5.6、3.1415926 等。

长整型主要是在比较大的整数的时候用到。

String（字符串）是由数字、字母、下画线组成的一串字符。一般标记为 s="a1a2...an"。字符串类似于一个由字符组成的 list，可以用下标序号访问其中的元素字符。

例如：

```
>>> s="Hello World!"
>>> print s[0]
H
>>> print s[6]
W
```

3.2.3 数据类型转换

如果要将一个数字转换为字符串，应该这么做：

```
str(x)
```

如图 3-2-1 所示。

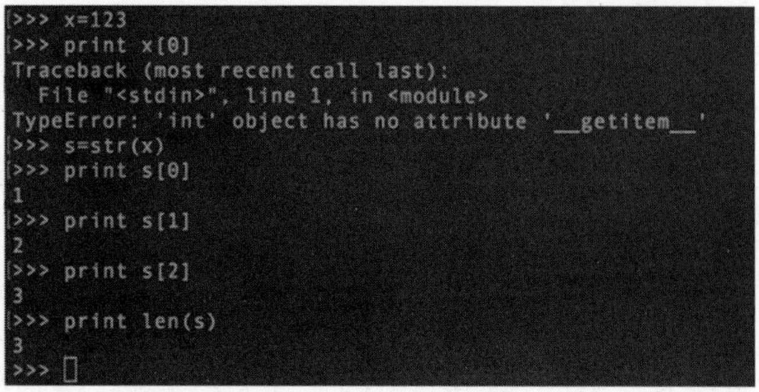

```
>>> x=123
>>> print x[0]
Traceback (most recent call last):
  File "<stdin>", line 1, in <module>
TypeError: 'int' object has no attribute '__getitem__'
>>> s=str(x)
>>> print s[0]
1
>>> print s[1]
2
>>> print s[2]
3
>>> print len(s)
3
>>> 
```

图 3-2-1

可以看到，x 为整数，访问 x[0]会出错。用 str 转换为字符串后，访问 s[0]就能得到结果。用函数 len(s)可以取得字符串的总长度。同样可以用 for 针对字符串进行循环遍历。

那么，是否还有其他类型转换函数呢？

是的，比如之前用的 int(input("month:"))，这里的 int()函数就是将输入转换为整数。还有一些，大家可以在用到的时候再去网上搜索。

3.2.4　函数 range

前面的问题，能否使用 for 循环呢？

可以的，但是要定义一个 list 从 1 到 1000，好像太多了，没法写出来。那么有没有一个简便的函数生成这样的 list 呢？

使用函数 range 来生成一个 list，代码如下：

```
#代表从 1 到 5（不包含 5）
>>> range(1,5)
[1, 2, 3, 4]
#代表从 1 到 5，间隔 2（不包含 5）
>>> range(1,5,2)
[1, 3]
#代表从 0 到 5（不包含 5）
>>> range(5)
[0, 1, 2, 3, 4]
#从 1 到 1000，包含 1000
>>> range(1,1001)
```

3.2.5 统计代码

经过之前的知识储备,已经能够将关键点梳理清楚了,大家可以尝试自己先去写代码,正确的结果应该是 271,如果不正确,请再次修改代码。如图 3-2-2 所示。

```
#coding=utf-8
#从1开始到1000,统计包含数字2的数字的总个数
#作者: 学哥   时间: 2017/1/10

#用于累计总个数
total=0

#循环从1到1000
for i in range(1,1001):
    #数字转换为字符串
    s=str(i)
    #遍历字符串
    for c in s:
        #字符串等于"2"
        if c=="2":
            #累计值加1
            total=total+1
            #找到则不用看后面的字符了
            break
print "1-1000 total 2 :",total
```

图 3-2-2

3.2.6 二维列表

list 里面的元素数据,也可以是 list,也就是 list 里面套 list,这个就是二维列表,如下所示。

```
list=[[1,2,3],[4,5,6]]
座位表=[["第1排第1列","第1排第2列","第1排第3列"],["第2排第1列","第2排第2列","第2排第3列"],["第3排第1列","第3排第2列"]]
>>> print 座位表[0][2]
第1排第3列
>>> print 座位表[2][1]
第3排第2列
```

二维列表在某些情况下很有用。

比如前面的邮政编码的代码,在输入邮政编码前两位数字和对应的省份名称时,要很小心地检查,如果漏写了一个,就容易匹配不上,如果改成二维数组就不容易出错了,并且代码也简洁多了。

代码如图 3-2-3 所示。

```
#coding=utf-8
#输入邮政编码前2位数字判断输出是哪个省份，用二维列表
#作者：学哥    时间：2017/1/10
inputcode=int(input("postcode:"))

#邮政编码头2位和对应的省份名称
postcodes=[[10,"北京"],[20,"上海"],[30,"天津"],[40,"重庆"],[1,"内蒙"],[2,"内蒙"]\
,[3,"山西"],[4,"山西"],[5,"河北"],[6,"河北"],[7,"河北"],[11,"辽宁"],[12,"辽宁"],\
[13,"吉林"],[15,"黑龙江"],[16,"黑龙江"],[21,"江苏"],[22,"江苏"],[23,"安徽"],\
[24,"安徽"],[25,"山东"],[26,"山东"],[27,"山东"],[31,"浙江"],[32,"浙江"],[33,"江西"],\
[34,"江西"],[35,"福建"],[36,"福建"],[41,"湖南"],[42,"湖南"],[43,"湖北"],[44,"湖北"],\
[45,"河南"],[46,"河南"],[47,"河南"],[51,"广东"],[52,"广东"],[53,"广西"],[54,"广西"],\
[55,"贵州"],[56,"贵州"],[57,"海南"],[61,"四川"],[62,"四川"],[63,"四川"],[64,"四川"],\
[65,"云南"],[66,"云南"],[67,"云南"],[71,"陕西"],[72,"陕西"],[73,"甘肃"],[74,"甘肃"],\
[75,"宁夏"],[81,"青海"],[83,"新疆"],[84,"新疆"],[85,"西藏"],[86,"西藏"],[99,"港澳台"]]

#用于存储匹配上的省份名称
value=""

#遍历邮政编码list
for onecode in postcodes:
    #如果匹配上
    if onecode[0]==inputcode:
        #根据序号访问省份名称
        value=onecode[1]
        #如果找到直接退出循环
        break

if value=="":
    print "post code error"
else:
    print "province:",value
```

图 3-2-3

练习

（1）找到邮政编码里面数字最多的那个省份的名字和共有几个数字，结果应该是四川省和数字 4。

代码如图 3-2-3 和图 3-2-4 所示。

```
1   #coding=utf-8
2   #取得邮编前2位数字最多的省份名称和邮编前2位数字的个数
3   #作者：学哥  时间：2017/1/11
4
5   #邮政编码头2位和对应的省份名称
6   postcodes=[[10,"北京"],[20,"上海"],[30,"天津"],[40,"重庆"],[1,"内蒙"],[2,"内蒙"]\
7   ,[3,"山西"],[4,"山西"],[5,"河北"],[6,"河北"],[7,"河北"],[11,"辽宁"],[12,"辽宁"],\
8   [13,"吉林"],[14,"吉林"],[15,"黑龙江"],[16,"黑龙江"],[21,"江苏"],[22,"江苏"],[23,"安徽"],\
9   [24,"安徽"],[25,"山东"],[26,"山东"],[27,"山东"],[31,"浙江"],[32,"浙江"],[33,"江西"],\
10  [34,"江西"],[35,"福建"],[36,"福建"],[41,"湖南"],[42,"湖南"],[43,"湖北"],[44,"湖北"],\
11  [45,"河南"],[46,"河南"],[47,"河南"],[51,"广东"],[52,"广东"],[53,"广西"],[54,"广西"],\
12  [55,"贵州"],[56,"贵州"],[57,"海南"],[61,"四川"],[62,"四川"],[63,"四川"],[64,"四川"],\
13  [65,"云南"],[66,"云南"],[67,"云南"],[71,"陕西"],[72,"陕西"],[73,"甘肃"],[74,"甘肃"],\
14  [75,"宁夏"],[81,"青海"],[83,"新疆"],[84,"新疆"],[85,"西藏"],[86,"西藏"],[99,"港澳台"]]
15
16  #用于存储不重复的省份名称统计
17  provinces=[]
18  #遍历邮政编码list进行统计
19  for onecode in postcodes:
20      #默认不存在统计变量中
21      isExisted=False
22      for oneprovince in provinces:
23          #如果省份名称已经在统计列表中存在
24          if onecode[1]==oneprovince[1]:
25              #统计个数加1
26              oneprovince[0]=oneprovince[0]+1
27              #设置为已找到
28              isExisted=True
29              #退出循环
30              break
31      #如果在统计list中没有找到
32      if not isExisted:
33          #统计list新增一个元素
34          provinces.append([1,onecode[1]])
35
```

图 3-2-3

```
36  #用于存储最大个数
37  maxcount=0
38  #用于存储最大个数在统计表中的序号
39  maxindex=0
40  #用于存储当前序号
41  index=0
42  #遍历统计list
43  for oneprovince in provinces:
44      #如果当前个数大于最大个数
45      if oneprovince[0]>maxcount:
46          #则记录最大个数及其序号
47          maxcount=oneprovince[0]
48          maxindex=index
49      #当前序号加1
50      index=index+1
51
52  print "max post code count:",provinces[maxindex][1],provinces[maxindex][0]
53
```

图 3-2-4

（2）定义如图 3-2-5 新的的座位表，然后输出座位表中每一个人的名字，同时输出是第几排第几列。

	王佳奕	汤正研	周丽婷		王 玫	吴凯霖	陈毅翔	郑景元
汪志国	纽锦怡	夏佩颖	王佳莹		欧阳佳怀	李心怡	陈毅能	林雪欣
孙佳文	吴锦坤	何清雅	潘骏杰		王羽彤	康鑫磊	陈芳怡	熊智锐
韦晓琳	陈智昊	洪辉镕			童子洋	王骏曜	计晨思	谭 畅
陈烨凯	王欣冉	袁成宇	史靖怡		李豫宁	洪培淼	盛逸菲	张鑫晨

讲　　台

图 3-2-5

提示：右下角张鑫晨为第 1 排第 1 列，注意最后一排有空位。

这个比较简单，就不放代码了，需要注意的一点是有两个空位置，可以用空字符串代替。如果最上面那行的最后一个元素不填写，则循环的时候注意检查 list 长度，超过 list 长度范围会出错。

3.3　字典数据类型

3.3.1　认识字典数据类型

上面的练习（1）里面，为了统计每个省份的个数，用了列表类型来存储，开始列表为空，如果在列表中没有找到省份，则向列表追加一个省份和个数的列表元素，这种做法用了 2 层循环，看起来不是太优美，有没有更好的方法呢？

用字典数据类型能够解决刚才的问题。

字典是一种可变容器，可存储任意类型对象。字典由 0 到 n 对键值组成，键值之间用冒号分隔，每个对之间用逗号分隔，整个字典包括在花括号中。

例如：d = { key1 : value1, key2 : value2 }

键必须是唯一的，但值则不必。值可以取任何数据类型，键必须是不可变的，如字符串、数字或者元组。

两个简单的字典实例如下：

```
dict = { "语文课老师" : "张三", "数学课老师" : "李四", "英语课老师" : "王五"}
provinces={"四川" : 4, "湖北" : 2}
```

3.3.2 访问字典里的值

把相应的键放入方括号,如图 3-3-1 所示。

```
>>> dict={"Name":"Tom","Age":28,"Class":"First"}
>>> print dict["Name"]
Tom
>>> print dict["Age"]
28
>>> print dict["age"]
Traceback (most recent call last):
  File "<stdin>", line 1, in <module>
KeyError: 'age'
>>>
```

图 3-3-1

注意,如果访问不存在的键,则程序会报错。

3.3.3 修改字典里的值

通过赋值语句,可以修改字典的对应键的值,如果该键不存在,则会新增键值,如图 3-3-2 所示。

```
>>> dict={"Name":"Tom","Age":28,"Class":"First"}
>>> dict["Age"]=30
>>> print dict
{'Age': 30, 'Name': 'Tom', 'Class': 'First'}
>>> dict["School"]="XueGe School"
>>> print dict
{'School': 'XueGe School', 'Age': 30, 'Name': 'Tom', 'Class': 'First'}
>>>
```

图 3-3-2

3.3.4 删除字典元素

和列表一样,使用 del 命令删除字典的某个键值,或者整个字典,如图 3-3-3 所示。

```
>>> dict={"Name":"Tom","Age":28,"Class":"First"}
>>> del dict["Class"]
>>> print dict
{'Age': 28, 'Name': 'Tom'}
>>> del dict
>>> print dict
<type 'dict'>
>>> dict={"Name":"Tom","Age":28,"Class":"First"}
>>> dict.clear()
>>> print dict
{}
>>>
```

图 3-3-3

注意:使用 del 删除 dict 字典后的结果和用 dict.clear()删除字典中的所有元素的结果有何不

同,这个可以自己去网上搜索答案。

3.3.5 判断是否存在键

使用字典自身的函数 dict.has_key(key)来判断是否存在这个键,返回 True 或者 False,如图 3-3-4 所示。

```
>>> dict={"Name":"Tom","Age":28,"Class":"First"}
>>> print dict.has_key("Name")
True
>>> print dict.has_key("age")
False
>>>
```

图 3-3-4

3.3.6 如何遍历字典

使用字典自身的函数 dict.keys()来返回一个所有的键列表,然后用 for 对这个列表进行循环,循环内部可以利用键来访问值,如图 3-3-5 所示。

```
>>> dict={"Name":"Tom","Age":28,"Class":"First"}
>>> for key in dict.keys():
...     print dict[key]
...
28
Tom
First
>>>
```

图 3-3-5

3.3.7 改造"最多邮编省份名称统计"程序

改造"最多邮编省份名称统计"的程序,将存储统计结果的数据类型改为字典类型。

判断是否存在省份名称的键,存在则将统计个数加 1,不存在则向字典追加一个列表[省份,个数 1]。然后对统计结果字典进行遍历,判断并记录最大个数的那个键。如图 3-3-6 所示。

```python
#coding=utf-8
#取得邮编前2位数字最多的省份名称和邮编前2位数字的个数，使用字典
#作者：学哥    时间：2017/1/11

#邮政编码前两位和对应的省份名称
postcodes=[[10,"北京"],[20,"上海"],[30,"天津"],[40,"重庆"],[1,"内蒙"],[2,"内蒙"]\
,[3,"山西"],[4,"山西"],[5,"河北"],[6,"河北"],[7,"河北"],[11,"辽宁"],[12,"辽宁"],\
[13,"吉林"],[15,"黑龙江"],[16,"黑龙江"],[21,"江苏"],[22,"江苏"],[23,"安徽"],\
[24,"安徽"],[25,"山东"],[26,"山东"],[27,"山东"],[31,"浙江"],[32,"浙江"],[33,"江西"],\
[34,"江西"],[35,"福建"],[36,"福建"],[41,"湖南"],[42,"湖南"],[43,"湖北"],[44,"湖北"],\
[45,"河南"],[46,"河南"],[47,"河南"],[51,"广东"],[52,"广东"],[53,"广西"],[54,"广西"],\
[55,"贵州"],[56,"贵州"],[57,"海南"],[61,"四川"],[62,"四川"],[63,"四川"],[64,"四川"],\
[65,"云南"],[66,"云南"],[67,"云南"],[71,"陕西"],[72,"陕西"],[73,"甘肃"],[74,"甘肃"],\
[75,"宁夏"],[81,"青海"],[83,"新疆"],[84,"新疆"],[85,"西藏"],[86,"西藏"],[99,"港澳台"]]

#用于存储不重复的省份名称统计    "省份名":个数
provinces={}
#遍历邮政编码list进行统计
for onecode in postcodes:
    #判断是否存在该省份
    if provinces.has_key(onecode[1]):
        #统计个数加1
        provinces[onecode[1]]=provinces[onecode[1]]+1
    else:
        #不存在则新增该省份键，值为1
        provinces[onecode[1]]=1

#用于存储最大个数
maxcount=0
#用于存储最大个数在统计表字典中的键
maxkey=""
#遍历统计字典键
for key in provinces.keys():
    #如果当前个数大于最大个数
    if provinces[key]>maxcount:
        #则记录最大个数及其键
        maxcount=provinces[key]
        maxkey=key

print "max post code count:",maxkey,provinces[maxkey]
```

图 3-3-6

3.3.8 输入一行字符串，打印出其中每个字符出现的次数

编程思路：

模仿上面的程序，针对输入英文字符进行遍历，每个字符判断在统计字典中是否存在，存在，则值加1，不存在则赋值为1，遍历统计字典的键，输出个数。代码如图 3-3-7 所示。

```
1   #coding=utf-8
2   #输入一行字符串打印出每个字符出现的次数
3   #作者：学哥   时间：2017/1/11
4
5   inputstr=input("input string:")
6
7   #用于存储不重复的字符统计  "字符":个数
8   chars={}
9   #遍历输入字符串进行统计
10  for onechar in inputstr:
11      #判断是否存在该字符
12      if chars.has_key(onechar):
13          #统计个数加1
14          chars[onechar]=chars[onechar]+1
15      else:
16          #不存在则新增该字符键，值为1
17          chars[onechar]=1
18
19  #遍历统计字典键
20  for key in chars.keys():
21      print "char:",key,chars[key]
22
```

图 3-3-7

运行结果如图 3-3-8 所示。

```
input string:"hello world my name is xuege"
char: a 1
char:   5
char: e 4
char: d 1
char: g 1
char: i 1
char: h 1
char: m 2
char: l 3
char: o 2
char: n 1
char: s 1
char: r 1
char: u 1
char: w 1
char: y 1
char: x 1
```

图 3-3-8

 练习

（1）输入一行英文字符，分别统计英文字母 / 空格 / 数字 / 其他字符出现的次数。代码如图 3-3-9 所示。

```python
#coding=utf-8
#输入一行英文字符，分别统计英文字母/空格/数字/其他字符出现的次数
#作者：学哥   时间：2017/1/13

inputstr=input("input string:")

#用于存储不重复的字符统计   "字符":个数
chars={}
#遍历输入字符串进行统计
for onechar in inputstr:
    #判断是否存在该字符
    if chars.has_key(onechar):
        #统计个数加1
        chars[onechar]=chars[onechar]+1
    else:
        #不存在则新增该字符键，值为1
        chars[onechar]=1

counts={"char":0,"space":0,"number":0,"other":0}
#遍历统计字典键
for key in chars.keys():
    if key>='a' and key<='z' or key>='A' and key<='Z':
        counts["char"]+=chars[key]
    elif key==' ':
        counts["space"]+=chars[key]
    elif key>='0' and key<='9':
        counts["number"]+=chars[key]
    else:
        counts["other"]+=chars[key]
#    print "char:",key,chars[key]
#    print counts

print "英文字母:",counts["char"],"空格:",counts["space"],"数字:",\
counts["number"],"其它:",counts["other"]
```

图 3-3-9

运行结果如图 3-3-10 所示。

```
input string:"this is My name 9876 ( ss 782 )"
英文字母: 14 空格: 8 数字: 7 其他: 2
```

图 3-3-10

说明：

前面统计字符部分沿用之前的部分代码，后面分类统计部分采用另外一个字典表进行计算。

因为分类字符都是连续的，可以直接采用大小比较，要不然就要用很多个 or，或者利用循环进行判断。

一个新的写法：a+=1，这相当于"a=a+1"，是一种简写方式。

上面给出的作业例子其实还可以改造得更简单，大家考虑一下，可以直接针对输入字符串进行统计，就不需要先进行分字符统计了。

（2）对 6 个数值进行排序，输出从小到大。

排序算法有很多种，这里只讲最简单的一种，冒泡法排序。

主要是二重循环套在一起，外层循环 i 变量从位置 0 到最后位置-1，内层循环 j 变量从外层位置加 1 到最后位置，内层循环里面比较 i 和 j 位置的数值，如果发现 j 位置的数值更小，则交换 i 和 j 的数值，这样内存循环一遍确保外层的当前值肯定最小，外层全部循环完成之后，全部排序就好了，交换数值要用到临时变量，temp = j; j = i; i = temp。

代码如图 3-3-11 所示。

```
#coding=utf-8
#冒泡法排序算法
#作者：学哥  时间：2017/1/13

array = [2,3,6,1,5,4]

#从0循环到len-1，最后一个无需处理
for i in range(len(array)-1):
    #从i循环到len
    for j in range(i+1,len(array)):
        #如果后面的值小于当前值，需要交换位置
        if array[j] < array[i]:
            #交换位置
            temp = array[j]
            array[j] = array[i]
            array[i] = temp
    #每次冒泡后看看对不对
    print array
```

图 3-3-11

运行结果如图 3-3-12 所示。

图 3-3-12

（3）求可被 17 整除的所有三位数。

编程思路：

从 100 到 999 进行循环，对 17 求余计算，等于 0 则输出，代码如图 3-3-13 所示。

```
#coding=utf-8
#求可被17整除的所有三位数
#作者：学哥    时间：2017/1/13

c=100

#从100循环到999
while c <= 999:
    if c % 17 == 0:
        print c
    c = c + 1
```

图 3-3-13

运行结果如下：

```
102
119
.....
```

（4）打印出所有的"水仙花数"，所谓"水仙花数"是指一个三位数，其各位数字的立方和等于该数本身。

例如：$153=1^3+5^3+3^3$

编程思路：

从 100 到 999 进行循环，将数字转换为字符串，求出字符串中的三位数的数字，转为整数，进行 x*x*x + y*y*y + z*z*z == c，符合则输出数字，代码如图 3-3-14 所示。

```
#coding=utf-8
#打印出所有的"水仙花数"，所谓"水仙花数"是指一个三位数，其各位数字立方和等于该数本身
#作者：学哥    时间：2017/1/13

c=100

#从100循环到999
while c <= 999:
    #强制转换为字符串
    s = str(c)
    #获取3位数字
    x = int(s[0])
    y = int(s[1])
    z = int(s[2])
    if x*x*x + y*y*y + z*z*z == c:
        print c
    c = c + 1
```

图 3-3-14

运行结果如下：

```
153
370
```

```
371
407
```

（5）有 n 个人围成一圈，按顺序排号。从第一个人开始报数（从 1 到 3 报数），凡报到 3 的人退出圈子，问最后留下的是原来第几号的那个人。

编程思路：

输入一个数为 n，检查 n 必须大于 3。

在一个 list 中放 1 到 n 的序号，写一个 while 循环，结束条件是 list 元素总数==2，然后循环里面序号跳 3（到结尾则从头开始），删除 list 元素，代码如图 3-3-15 所示。

```
#coding=utf-8
#有n个人围成一圈，顺序排号。从第一个人开始报数（从1到3报数）,凡报到3的人退出圈子
#问最后留下的是原来第几号的那位
#作者：学哥    时间：2017/1/13

n = input("n:")

if n>3:
    #创建list从1到n
    list = range(1,n+1)
    #出圈序号
    index = 0
    #循环直到list的len=1
    while len(list)>1:
        #index+2
        index = index + 2
        #如果index超出圈长度
        if index>=len(list):
            #圈从头开始
            index=index % len(list)
            #出圈
            del list[index]
        else:
            #出圈
            del list[index]
    print "the last:",list[0]
```

图 3-3-15

运行结果如下：

```
n:4
last:1
n:5
last:4
n:6
last:1
n:7
```

```
last:4
n:8
last:7
n:9
last:1
n:10
last:4
n:11
last:7
n:12
last:10
n:13
last:13
n:14
last:2
n:15
last:5
```

（6）输入两个字符串，高效找出最长的公共子串，例如 helloworldmynameisxuege 和 thisworldismyfirstname 返回 world。

编程思路：

先比较两个字符串，找出较短的字符串 str_short，另外一个为 str_long。

一重循环，变量 x 从 count=len(str_short)到 1 进行循环，即截取长度从大到小。

二重循环，变量 y 从 0 循环到 len(str_short)-count，即截取位置从头开始。

循环内截取字符串 s=str_short[y:y+x+1]。

判断 s in str_long 为 True 则说明找到最长的公共子串，输出并退出程序。代码如图 3-3-16 所示。

```
1   #coding=utf-8
2   #输入两个字符串，高效找出最长的公共子串
3   #例如helloworldmynameisxuege和thisworldismyfirstname返回world
4   #作者：学哥  时间：2017/1/13
5
6   s1="helloworldmynameisxuege"
7   s2="thisworldismyfirstname"
8
9   if len(s1)>len(s2):
10      str_long=s1
11      str_short=s2
12  else:
13      str_long=s2
14      str_short=s1
15
16  #截取子串长度从大到小循环
17  for x in range(len(str_short),0,-1):
18      #print "x:",x
19      #截取子串位置从头到尾循环
20      for y in range(0,len(str_short)+1-x):
21          #print "y:",y
22          #截取子串
23          s = str_short[y:y+x]
24          #print s
25          #判断子串是否存在于长字符串中
26          if s in str_long:
27              #输出
28              print "find max sub str:",s
29              #退出
30              exit()
31
```

图 3-3-16

运行结果如下：

find max sub str: world

（7）输入 4 个数字，数字范围为 1~13，至少用一种计算方法（限加减乘除，可带括号），可以计算出结果 24。

测试案例：

输入 5、5、5、1，输出 (5 - 1 / 5) × 5 = 24

输入 3、3、7、7，输出 (3 + 3 / 7) × 7 = 24

编程思路：

考虑到减法和除法是有顺序的，计算顺序总共包括 5 种情况：

- ((n1 运算符 1 n2) 运算符 2 n3) 运算符 3 n4
- n4 运算符 3 ((n1 运算符 1 n2) 运算符 2 n3)
- (n3 运算符 2 (n1 运算符 1 n2)) 运算符 3 n4
- n4 运算符 3 (n3 运算符 2 (n1 运算符 1 n2))

- (n1 运算符 1 n2) 运算符 3 (n3 运算符 2 n4)

4 个数字需要遍历所有的排列情况，如下所示：

```
n1n2n3n4
n1n2n4n3
n1n3n2n4
n1n3n4n2
n1n4n2n3
n1n4n3n2
n2n1n3n4
n2n1n4n3
n2n3n1n4
n2n3n4n1
n2n4n1n3
n2n4n3n1
n3n1n2n4
n3n1n4n2
n3n2n1n4
n3n2n4n1
n3n4n1n2
n3n4n2n1
n4n1n2n3
n4n1n3n2
n4n2n1n3
n4n2n3n1
n4n3n1n2
n4n3n2n1
```

运算符需要遍历所有的排列组合情况，注意运算符是允许重复出现的，用 1、2、3、4 来代替加减乘除，结果应该是 111,112,113,114,121,122,123,124,...

可以采用三重循环 1 到 4，生成 list，总共可能是 4×4×4=64 种情况。

4 个数字用二维列表实现，运算符用二维列表实现。

开始计算：

- 外层循环，对 24 种数字排列顺序循环。
- 内层循环，对 64 种运算符排列组合循环。
- 循环内部，分别按照 5 种运算顺序进行计算，然后判断结果是否等于 24，等于则输出，退出程序。如果不退出则可以计算出所有的可能计算结果。

注意：

计算时全部数据用浮点数计算，因为有除法计算，不能用整数除法。输出的时候要将 1、2、3、4 变换为加减乘除输出显示，代码如图 3-3-17 和图 3-3-18 所示。

```python
#coding=utf-8
#输入4个数字，数字范围在1-13之间，求至少一个计算方法(限加减乘除，可带括号)，可以计算出24
#测试案例：
#输入 5 5 5 1 输出 ( 5 - 1 / 5 ) * 5 = 24
#输入 3 3 7 7 输出 ( 3 + 3 / 7 ) * 7 = 24
#作者：学哥 时间：2017/1/13

n1=input("n1:")
n2=input("n2:")
n3=input("n3:")
n4=input("n4:")

if n1<0 or n1>13 or n2<0 or n2>13 or n3<0 or n3>13 or n4<0 or n4>13:
    print "input error"
    exit()

#24种数字排列组合
num=[[n1,n2,n3,n4],[n1,n2,n4,n3],[n1,n3,n2,n4],[n1,n3,n4,n2],[n1,n4,n2,n3],\
    [n1,n4,n3,n2],[n2,n1,n3,n4],[n2,n1,n4,n3],[n2,n3,n1,n4],[n2,n3,n4,n1],\
    [n2,n4,n1,n3],[n2,n4,n3,n1],[n3,n1,n2,n4],[n3,n1,n4,n2],[n3,n2,n1,n4],\
    [n3,n2,n4,n1],[n3,n4,n1,n2],[n3,n4,n2,n1],[n4,n1,n2,n3],[n4,n1,n3,n2],\
    [n4,n2,n1,n3],[n4,n2,n3,n1],[n4,n3,n1,n2],[n4,n3,n2,n1]]
#运算符排列组合生成
opt=[]
for a in range(1,5):
    for b in range(1,5):
        for c in range(1,5):
            opt.append([a,b,c])

def runopt(num1,operate,num2):
    v=0.0
    num1=float(num1)
    num2=float(num2)
    if operate==1:
        v=num1+num2
    elif operate==2:
        v=num1-num2
    elif operate==3:
        v=num1*num2
    else:
        if num2==0:
            v=999999999999
        else:
            v=num1/num2
    return v
```

图 3-3-17

```python
46
47  def prt(operate):
48      v=""
49      if operate==1:
50          v="+"
51      elif operate==2:
52          v="-"
53      elif operate==3:
54          v="*"
55      else:
56          v="/"
57      return v
58
59  #循环数字排列组合
60  for n in num:
61      #循环运算符排列组合
62      for p in opt:
63          #((n1 运算符1 n2) 运算符2 n3) 运算符3 n4
64          ret=runopt(runopt(runopt(n[0],p[0],n[1]),p[1],n[2]),p[2],n[3])
65          if ret==24:
66              print "((",n[0],prt(p[0]),n[1],")",prt(p[1]),n[2],")",prt(p[2]),n[3],"= 24"
67              exit()
68          #n4 运算符3 ((n1 运算符1 n2) 运算符2 n3)
69          ret=runopt(n[3],p[2],runopt(runopt(n[0],p[0],n[1]),p[1],n[2]))
70          if ret==24:
71              print n[3],prt(p[2]),"((",n[0],prt(p[0]),n[1],")",prt(p[1]),n[2],")","= 24"
72              exit()
73          #(n3 运算符2 (n1 运算符1 n2)) 运算符3 n4
74          ret=runopt(runopt(n[2],p[1],runopt(n[0],p[0],n[1])),p[2],n[3])
75          if ret==24:
76              print "(",n[2],prt(p[1]),"(",n[0],prt(p[0]),n[1],"))",prt(p[2]),n[3],"= 24"
77              exit()
78          #n4 运算符3 (n3 运算符2 (n1 运算符1 n2))
79          ret=runopt(n[3],p[2],runopt(n[2],p[1],runopt(n[0],p[0],n[1])))
80          if ret==24:
81              print n[3],prt(p[2]),"(",n[2],prt(p[1]),"(",n[0],prt(p[0]),n[1],"))","= 24"
82              exit()
83          #(n1 运算符1 n2) 运算符3 (n3 运算符2 n4)
84          ret=runopt(runopt(n[0],p[0],n[1]),p[2],runopt(n[2],p[1],n[3]))
85          if ret==24:
86              print "(",n[0],prt(p[0]),n[1],")",prt(p[2]),"(",n[2],prt(p[1]),n[3],")","= 24"
87              exit()
88
```

图 3-3-18

运行结果，如图 3-3-19 所示。

```
n1:3
n2:3
n3:7
n4:7
(( 3 / 7 ) + 3 ) * 7 = 24
```

```
n1:5
n2:5
n3:5
n4:1
( 5 - ( 1 / 5 )) * 5 = 24
```

```
n1:6
n2:6
n3:6
n4:6
(( 6 + 6 ) + 6 ) + 6 = 24
```

```
n1:4
n2:6
n3:3
n4:9
( 6 - 4 ) * ( 3 + 9 ) = 24
```

```
n1:13
n2:13
n3:7
n4:5
(( 13 + 13 ) - 7 ) + 5 = 24
```

```
n1:11
n2:13
n3:13
n4:7
```

图 3-3-19

如果没有输出则表示没有解。

3.4 Python 函数

本节主要介绍 Python 函数。

3.4.1 输入参数求三角形、圆形或长方形的面积

首先输入 1 个参数：形状类型 "1=三角形 2=圆形 3=长方形"；然后根据输入的形状类型，要求输入计算面积所需的其他参数。

例如：三角形，输入底和高；圆形，输入半径；长方形，输入长和宽。

最后计算出形状面积。代码如图 3-4-1 所示。

```
#coding=utf-8
#输入参数求三角形、圆形、长方形的面积
#作者：学哥  时间：2017/1/15

areatype=input("1=三角形 2=圆形 3=长方形:")

if areatype==1:
    a=input("底:")
    b=input("高:")
    area=a*b/2
elif areatype==2:
    r=input("半径:")
    area=3.1415926*r*r
elif areatype==3:
    length=input("长度:")
    width=input("宽度:")
    area=length*width
else:
    print "错误输入"
    exit()

print "面积:",area
```

图 3-4-1

结果如图 3-4-2 所示。

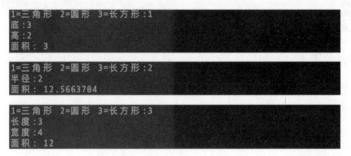

图 3-4-2

思考一下，这里的计算某种特定形状的面积的功能是否能够复用呢？也就是是否可以被其他程序使用呢？3 个形状的计算面积功能，如果像上面这样写在一个程序里面是没有办法被其他程序复用的。

3.4.2 认识函数

函数是组织好的，可重复使用的，用来实现单一或相关联功能的代码段。

函数能提高应用的模块性和代码的重复利用率。Python 提供了许多内建函数，比如 print()，我们也可以自己创建函数,这被叫作用户自定义函数。

语法:

```
def functionname( parameters ):
    "函数_文档字符串"
    function_suite
    return [expression]
```

举例如下:

```
def printme(str):
    print str
    return
def add(num1,num2):
    ret=num1+num2
    return ret
```

总结一下特征:

函数代码块以 def 关键词开头,后接函数标识符名称和圆括号()。任何传入参数和自变量必须放在圆括号中间。圆括号之间可以用于定义参数。

函数的第一行语句可以有选择性地使用文档字符串——用于存放函数说明。函数内容以冒号起始,并且缩进。

return [表达式] 结束函数,选择性地返回一个值给调用方。不带表达式的 return 相当于返回 None,或者不写 return 语句。

3.4.3 函数的定义

```
def function(params):
    block
    return expression/value
```

这个样式大家已经清楚,需要特别说明一下:

(1)采用 def 定义函数,无须指明返回值的类型。

(2)函数参数 params 可以是 0 个、1 个或者多个,参数也无须指明类型。

(3)return 语句可写可不写,return 后面不能再有代码,不写 return 则自动返回 NONE。

举例如图 3-4-3 所示。

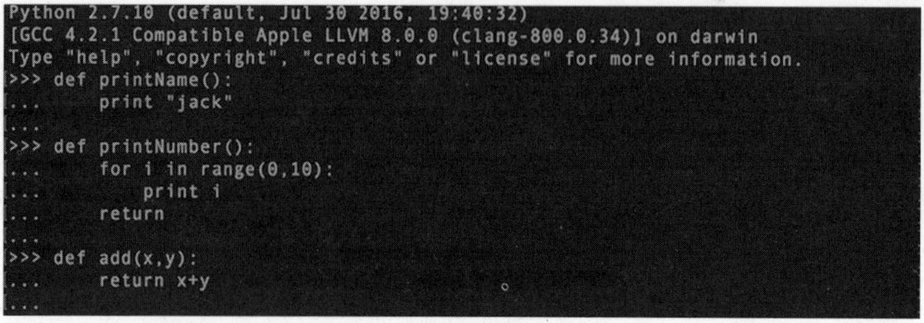

```
Python 2.7.10 (default, Jul 30 2016, 19:40:32)
[GCC 4.2.1 Compatible Apple LLVM 8.0.0 (clang-800.0.34)] on darwin
Type "help", "copyright", "credits" or "license" for more information.
>>> def printName():
...     print "jack"
...
>>> def printNumber():
...     for i in range(0,10):
...         print i
...     return
...
>>> def add(x,y):
...     return x+y
...
```

图 3-4-3

3.4.4 函数的使用

下面介绍函数的使用,如图 3-4-4 所示。

```
>>> printName()
jack
>>> printNumber()
0
1
2
3
4
5
6
7
8
9
>>> print add(3,5)
8
>>>
```

图 3-4-4

在 Python 中不允许前向引用,也就是 def 函数必须在使用函数之前,如果反过来就会出错,新建一个 testadd.py 文件,代码如下:

```
print add(3,5)
def add(x,y):
    return x+y
```

然后运行 testadd.py 文件,会发现报错:name 'add' is not defined。

3.4.5 按值传递参数和按引用传递参数

函数的参数类型，分为两大类型：不可变类型和可变类型。

- 不可变类型：整数、字符串、元组、数值。
- 可变类型：列表、字典。

如果参数是可变类型，那么函数内部改变了该参数变量的值，则函数外部该变量的值同样被改变。我们要根据实际情况来使用这种特征，有些情况如果不希望改变原来的参数值，那么可以在函数内部读取后赋值给一个新的变量。

所有参数（自变量）在 Python 里都是按引用传递的。如果你在函数里修改了参数，那么在调用的这个函数里，原始的参数也被改变了。如下所示：

```
def changelist( thelist ):
    thelist.append(["a","b","c"]);
    print "函数内变量值: ", thelist
    return
mylist = [1,2,3];
changelist( mylist );
print "函数外变量值: ", mylist
```

传入函数的和在末尾添加新内容的对象用的是同一个引用。故输出结果如下：

函数内变量值: [1,2,3,["a","b","c"]]

函数外变量值: [1,2,3,["a","b","c"]]

下面在 Python 环境里面试一下，如图 3-4-5 所示。

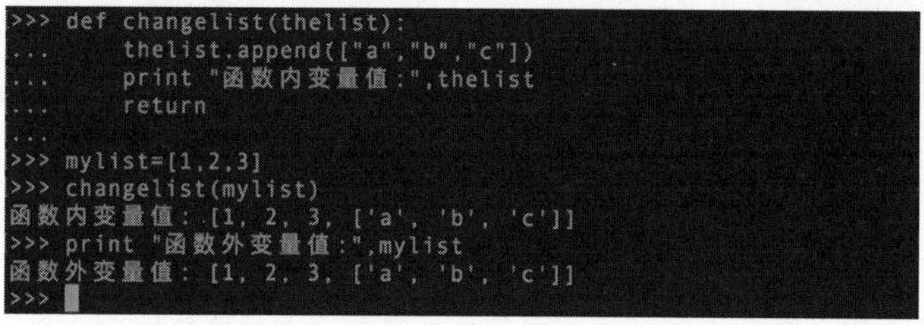

```
>>> def changelist(thelist):
...     thelist.append(["a","b","c"])
...     print "函数内变量值:",thelist
...     return
...
>>> mylist=[1,2,3]
>>> changelist(mylist)
函数内变量值: [1, 2, 3, ['a', 'b', 'c']]
>>> print "函数外变量值:",mylist
函数外变量值: [1, 2, 3, ['a', 'b', 'c']]
>>>
```

图 3-4-5

3.4.6 参数的几种形式

必备参数：

必备参数须以正确的顺序传入函数。调用时的数量必须和声明时一样。调用 printme()函数，必须传入一个参数，不然会出现语法错误。

下面在 Python 环境里面试一下，如图 3-4-6 所示。

```
>>> def printme(str):
...     print str
...     return
...
>>> printme()
Traceback (most recent call last):
  File "<stdin>", line 1, in <module>
TypeError: printme() takes exactly 1 argument (0 given)
>>>
```

图 3-4-6

关键字参数：

关键字参数和函数调用关系紧密，函数调用使用关键字参数来确定传入的参数值。使用关键字参数允许函数调用时参数的顺序与声明时不一致，因为 Python 解释器能够用参数名匹配参数值。

下面在 Python 环境里面实验一下，如图 3-4-7 所示。

```
>>> def printmsg(name,address):
...     print "name:",name
...     print "address:",address
...     return
...
>>> printmsg(address="Nanjinxilu",name="xuege")
name: xuege
address: Nanjinxilu
>>>
```

图 3-4-7

默认参数：

在调用函数时，默认参数的值如果没有传入，则被认为是默认值。下例会打印默认的 age。

下面在 Python 环境里面试一下，如图 3-4-8 所示。

```
>>> def printmsg(name,address="Beijinxilu"):
...     print "name",name
...     print "address",address
...     return
...
>>> printmsg(address="xizannanlu",name="jack")
name jack
address xizannanlu
>>> printmsg(name="tom")
name tom
address Beijinxilu
>>> printmsg("tom","changjianglu")
name tom
address changjianglu
>>> printmsg("tom")
name tom
address Beijinxilu
>>>
```

图 3-4-8

3.4.7 常用的系统内建函数

- abs(x)：返回一个数字的绝对值。
- cmp(x,y)：比较两个对象大小，如果 x<y 则返回-1，如果 x>y 则返回 1，如果 x==y 则返回 0。
- divmod(x,y)：除法运算，返回商和余数。
- isinstance(object,class-or-type-or-tuple)：测试对象类型，返回 bool。
- len(object)：返回字符串或者序列的长度。
- type(obj)：返回对象的数据类型。
- min(x[,y,z...])：返回给定参数的最小值，参数可以为序列。
- max(x[,y,z...])：返回给定参数的最大值，参数可以为序列。

其他的函数就不一一列举了，大家可以自行搜索，然后在 Python 环境中进行测试验证具体的用法。

3.4.8 递归函数

在函数内部，可以调用其他函数。如果一个函数在内部调用自身本身，这个函数就是递归函数。

下面来看一个例子，计算阶乘 n!=1*2*3*...*n，用函数 fact(n) 表示，可以推理出：

```
fact(n)=n!=1*2*3*...*(n-1)*n=(n-1)!*n=fact(n-1)*n
```

所以 fact(n)可以使用 n*fact(n-1)，注意当 n=1 时需要特殊处理。

于是，代码如图 3-4-9 所示。

```
>>> print add(3,5)
8
>>> def fact(n):
...     if n==1:
...         return 1
...     return n*fact(n-1)
...
>>> fact(1)
1
>>> fact(5)
120
>>>
```

图 3-4-9

Python 是如何进行计算的呢，下面以 fact(5)作为例子来单步跟踪。

fact(5)进入函数内部，不满足 n==1 的情况，执行下一句：

`return 5*fact(4)`

这时程序并不会返回，因为又碰到函数调用，Python 会将当前的 5*保存到一个栈里面。然后去运行 fact(4)函数。fact(4)进入函数内部，不满足 n==1 的情况，执行下一句：

`return 4*fact(3)`

这时程序并不会返回，因为又碰到函数调用，Python 会将当前的 4*保存到一个栈里面，这时候栈里面有两个元素，最里面是 5*，上面是 4*，然后去运行 fact(3)函数。fact(3)进入函数内部，不满足 n==1 的情况，执行下一句：

`return 3*fact(2)`

这时程序并不会返回，因为又碰到函数调用，Python 会将当前的 3*保存到一个栈里面，这时候栈里面有 3 个元素，最里面是 5*，上面依次是 4*，3*，然后去运行 fact(2)函数；

fact(2)进入函数内部，不满足 n==1 的情况，执行下一句；

`return 2*fact(1)`

这时程序并不会返回，因为又碰到函数调用，Python 会将当前的 2*保存到一个栈里面，这时候栈里面有 4 个元素，最里面是 5*，上面依次是 4*，3*，2*，然后去运行 fact(1)函数。fact(1)进入函数内部，满足 n==1 的情况，执行 return 1 语句。

此时，碰到 return，则栈里面的最上面的 2* 会出栈，栈里面剩余 5*4*3* 总共 3 个，执行 2*1，然后执行 return 2 语句。

此时，碰到 return，则栈里面的最上面的 3* 会出栈，栈里面剩余 5*4* 总共 2 个，执行 3*2，然后执行 return 6 语句。

此时，碰到 return，则栈里面的最上面的 4* 会出栈，栈里面剩余 5* 总共 1 个，执行 4*6，然后执行 return 24 语句。

此时，碰到 return，则栈里面的最上面的 5* 会出栈，栈里面剩余 0 个，执行 5*24，然后执行 return 120 语句。

这时候，由于栈里面空了，就 return 数据返回，得到结果 120。

递归函数的优点是定义简单、逻辑清晰，但是需要注意防止栈溢出，也就是死循环调用。假如上面的 fact 函数里面缺少 "if n==1" 这个代码，就会导致死循环调用，这一定要避免。

再来看看之前做过的斐波拉契数列，这也可以改造为递归函数，看起来会更简洁，如图 3-4-10 所示。

```
Python 2.7.10 (default, Jul 30 2016, 19:40;32)
[GCC 4.2.1 Compatible Apple LLVM 8.0.0 (clang-800.0.34)] on darwin
Type "help", "copyright", "credits" or "license" for more information.
>>> def fib(n):
...     if n==1 or n==2:
...         return 1
...     return fib(n-1)+fib(n-2)
...
>>> for x in range(1,31):
...     print x,fib(x)
...
1 1
2 1
3 2
4 3
5 5
6 8
7 13
8 21
9 34
10 55
11 89
12 144
13 233
```

图 3-4-10

相信大家在运行时会发现一个问题：运行速度比较慢。这是因为递归调用需要频繁地进栈出栈，内存消耗比较大。由此可见，有时候代码简洁并不一定是效率最高的方法，要根据实际情况灵活决定。

3.4.9 改造"四则计算器程序"

将之前做过的四则计算器程序拿出来，将里面的加减乘除计算做成 4 个函数调用，如图 3-4-11 所示。

```
#coding=utf-8
#函数定义四则运算器
#作者：学哥    时间：2017/1/15

def add(num1,num2):
    return num1+num2

def substract(num1,num2):
    return num1-num2

def multiplication(num1,num2):
    return num1*num2

def division(num1,num2):
    if num2==0:
        print "除数不能为0"
        exit()
    else:
        return num1/num2

num1=input("num1:")
operate=input("your operate:")
num2=input("num2:")

if operate=="+":
    num3=add(num1,num2)
elif operate=="-":
    num3=substract(num1,num2)
elif operate=="*":
    num3=multiplication(num1,num2)
elif operate=="/":
    num3=division(num1,num2)
else:
    print "错误输入"
    exit()

print "计算结果:",num3
```

图 3-4-11

3.4.10 改造面积计算程序

本节开始的面积计算程序，可以分别将 3 个形状的面积计算公式做成函数，然后分别调用，如图 3-4-12 所示。

```
#coding=utf-8
#输入参数求三角形或圆形或长方形的面积
#作者：学哥  时间：2017/1/15

def triangle(base,high):
    return base*high/2

def circular(radius):
    return 3.1415926*radius*radius

def rectangle(length,width):
    return length*width

areatype=input("1=三角形 2=圆形 3=长方形:")

if areatype==1:
    a=input("底:")
    b=input("高:")
    area=triangle(a,b)
elif areatype==2:
    r=input("半径:")
    area=circular(r)
elif areatype==3:
    length=input("长度:")
    width=input("宽度:")
    area=rectangle(length,width)
else:
    print "错误输入"
    exit()

print "面积:",area
```

图 3-4-12

函数最重要的作用是可以将代码重新组织并重复利用，减少代码冗余，并能够减少出错的可能性，提高代码的结构性和可读性。

函数是非常重要的概念，基于函数才能够构造出更复杂的程序，实现更复杂的功能。.

3.4.11　关于函数和模块设计定义的一些经验

一般而言，有这样一些约定俗成的经验：

（1）将函数设计成简单的功能性单元，在理想情况下，函数应简明扼要，若长度很大，可考虑分割成较短的几个方法。

（2）在设计一个函数时，请设身处地为使用这个函数的程序员考虑一下，使用方法应该是非常明确的。

（3）模块应尽可能短小精悍，而且只解决一个特定的问题，更有利于维护和灵活搭配组合使用。

（4）尽可能地"私有"。就是函数内部的变化对外部调用尽量减少干扰和改变，也就是不要修改或保存传入的数据。

（5）尽可能细致地加上注释，方便使用者和维护者。

（6）重要的参数在前，次要的参数在后，且有默认值。

只要发现有重复代码出现，就说明需要将这些重复代码独立出来做成函数，就是将代码不停地拆分、拆分，直到感觉实在不能再拆了为止，如果调用时感觉有问题，再考虑合并或者调换等修改。总之，大家要在实际运用过程中不断分析总结。

练习

（1）修改"输入日期，输出是星期几"的程序，将闰年判断、统计天数、星期计算做成函数，如图 3-4-13～图 3-4-15 所示。

（2）将求图形面积做成函数，增加求平行四边形、梯形的面积，如图 3-4-16 所示。

```python
#coding=utf-8
#求任意输入日期是星期几,函数结构化
#作者:学哥  时间:2017/1/19

def checkinput(year,month,day):
    #检查年份范围为1900到2100
    checkinput=True
    if year<1900 or year>2100:
        print "year must in 1900-2100"
        checkinput=False
    #检查月份范围为1到12
    if month<1 or month>12:
        print "month must in 1-12"
        checkinput=False
    #检查日期,根据年和月进行判断
    #先根据月份取得该月的日期最大值
    maxday=31
    if month==2:
        #判断是否为闰年
        maxday=28
        if isrunnian(year):
            maxday=29
    elif month==4 or month==6 or month==9 or month==11:
        maxday=30
    #检查日期范围为1到maxday
    if month<1 or month>maxday:
        print "day must in 1-",maxday
        checkinput=False
    return checkinput

def isrunnian(year):
    return year%4==0 and not (year%100==0 and year%400<>0)

def getdaycounts(year,month,day):
    #从1900年开始循环,计算到输入日期之间隔了多少天
    #累计日期总数
    daycount=0
    #年份
    theyear=1900
    #月份
    themonth=1
    #日期
    theday=1
```

图 3-4-13

```
44
45  #年份循环
46  while theyear<year:
47      adddays=365
48      #如果是闰年，则加366天
49      if isrunnian(theyear):
50          adddays=366
51      #日期累加365天或者366天
52      daycount=daycount+adddays
53      #年份加1
54      theyear=theyear+1
55
56  #年份循环到了输入的年
57  #月份循环
58  while themonth<month:
59      adddays=31
60      if themonth==2:
61          #判断是否为闰年
62          adddays=28
63          if year%4==0 and not (year%100==0 and year%400<>0):
64              adddays=29
65      elif themonth==4 or themonth==6 or themonth==9 or themonth==11:
66          adddays=30
67      #日期累加31天或者28天或者30天
68      daycount=daycount+adddays
69      #月份加1
70      themonth=themonth+1
71
72  #年份和月份循环到了输入的年和月
73  #日期相差
74  adddays=day-theday
75  #累计相差总天数
76  daycount=daycount+adddays
77  #返回总天数
78  return daycount
79
80  def getweekindex(daycount,pos):
81      #根据累计相差总天数加上偏移量，对7求余，然后加1
82      #1900年1月1日是星期一，偏移量为0
83      week = ( daycount + pos ) % 7 + 1
84      return week
```

图 3-4-14

```
85
86  year=int(input("year:"))
87  month=int(input("month:"))
88  day=int(input("day:"))
89
90  checkret=checkinput(year,month,day)
91
92  #只有所有检查都通过，才进行处理
93  if checkret:
94      #取得输入日期距离锚点日期19000101多少天
95      daycount=getdaycounts(year,month,day)
96      print "daycount:",daycount
97      #根据锚点日期偏移量计算星期几
98      week=getweekindex(daycount,0)
99      print "week:",week
```

图 3-4-15

```python
#coding=utf-8
#输入参数求三角形或圆形或长方形或平行四边形或梯形的面积
#作者：学哥   时间：2017/1/19

def triangle(base,high):
    return base*high/2

def circular(radius):
    return 3.1415926*radius*radius

def rectangle(length,width):
    return length*width

def parallelogram(base,high):
    return base*high

def trapezoid(up,down,high):
    return (up+down)*high/2

areatype=input("1=三角形 2=圆形 3=长方形 4=平行四边形 5=梯形:")

if areatype==1:
    a=input("底:")
    b=input("高:")
    area=triangle(a,b)
elif areatype==2:
    r=input("半径:")
    area=circular(r)
elif areatype==3:
    length=input("长度:")
    width=input("宽度:")
    area=rectangle(length,width)
elif areatype==4:
    base=input("底:")
    high=input("高:")
    area=parallelogram(base,high)
elif areatype==5:
    up=input("上底:")
    down=input("下底:")
    high=input("高:")
    area=trapezoid(up,down,high)
else:
    print "错误输入"
    exit()

print "面积:",area
```

图 3-4-16

3.5 模块和进程

3.5.1 认识模块

前面的求各种图形面积的程序，如果后续陆续要增加更多的图形，则会导致这个程序越做越长，看起来很不方便。

并且还有一个需求无法满足，假如有两人同时在做这个项目，一个人已经做好了 3 个图形的计算方法函数，另外一个人做好了两个图形的计算方法，怎样才能更方便地将两人的代码整合到一起呢？假如有更多的人在做更多的图形计算函数，而且使用函数的也是其他更多的人，那么如何组织这些代码才能更有逻辑呢？

模块能够让你更有逻辑地组织你的 Python 代码块。

简单地说，模块就是一个保存了 Python 代码的文件。模块能够定义函数、类和变量。模块里也能包含可执行的代码。

将上面这个包含了 5 个图形计算面积函数的文件另存为 area.py，然后只保留这 5 个函数，将其他代码删除，如图 3-5-1 所示。

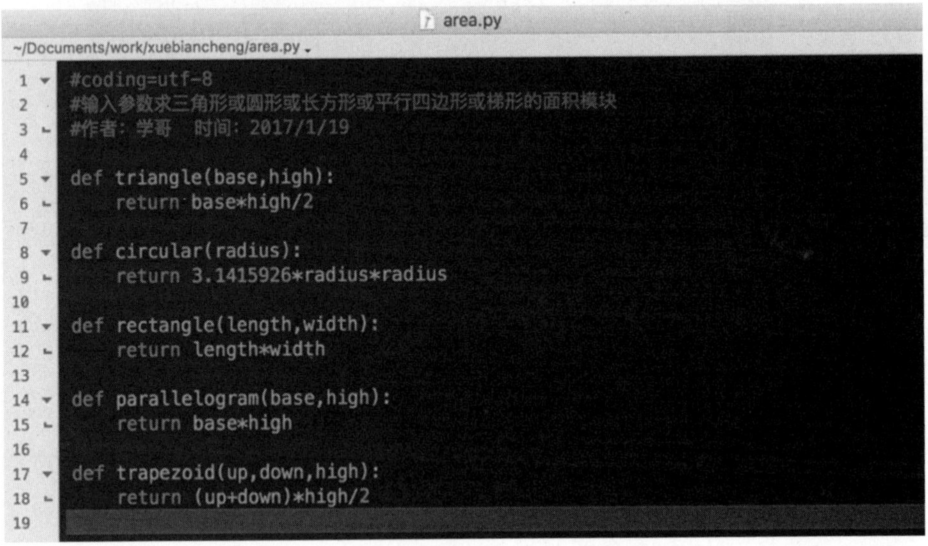
area.py
~/Documents/work/xuebiancheng/area.py
#coding=utf-8
#输入参数求三角形或圆形或长方形或平行四边形或梯形的面积模块
#作者：学哥　时间：2017/1/19
def triangle(base,high):
    return base*high/2
def circular(radius):
    return 3.1415926*radius*radius
def rectangle(length,width):
    return length*width
def parallelogram(base,high):
    return base*high
def trapezoid(up,down,high):
    return (up+down)*high/2

图 3-5-1

3.5.2　在另一个文件里导入模块

使用 import module1[,module2[,... moduleN]来导入模块，例如刚才做好了 area.py，要导入这个模块，则在代码前面使用 import area 来完成。然后使用 area.triangle(base,high) 来访问模块里面的函数，具体代码如图 3-5-2 所示。

```
#coding=utf-8
#输入参数求三角形或圆形或长方形或平行四边形或梯形的面积，调用模块
#作者：学哥    时间：2017/1/19
import area

areatype=input("1=三角形 2=圆形 3=长方形 4=平行四边形 5=梯形:")

if areatype==1:
    a=input("底:")
    b=input("高:")
    area=area.triangle(a,b)
elif areatype==2:
    r=input("半径:")
    area=area.circular(r)
elif areatype==3:
    length=input("长度:")
    width=input("宽度:")
    area=area.rectangle(length,width)
elif areatype==4:
    base=input("底:")
    high=input("高:")
    area=area.parallelogram(base,high)
elif areatype==5:
    up=input("上底:")
    down=input("下底:")
    high=input("高:")
    area=area.trapezoid(up,down,high)
else:
    print "错误输入"
    exit()

print "面积:",area
```

图 3-5-2

还记得以前曾经导入过一个模块 random 吗？方法为：

- import random　引入一个模块 random。
- random.randint(1,99) 生成一个 1 到 99 范围之内的随机整数。

3.5.3 日期和时间模块

使用 import time 来导入日期和时间模块，处理常见的转换日期格式问题。时间间隔是按照秒为单位的浮点小数。每个时间戳是从 1970 年 1 月 1 日 0 点 0 分 0 秒经过了多长时间来表示。比如要表示一个当前时间的时间戳，可以在 Python 里面运行如图 3-5-3 所示代码。

```
>>> import time
>>> print time.time()
1484796815.7
>>>
```

图 3-5-3

这个时间是用于电脑存储和计算的，但是对于人类来说并不友好，所以，一般会通过函数将这个时间戳转换为人类熟悉的格式。运行如图 3-5-4 所示代码进行体验。

```
>>> print time.strftime("%Y-%m-%d %H:%M:%S",time.localtime())
2017-01-19 11:36:37
>>>
```

图 3-5-4

这里是用 time.localtime()函数来获得当前的本地时间戳，然后用 strftime 函数将时间戳转换为显示格式。

其中的%Y 表示 4 位数的年，%m 表示月份 01～12，%d 表示月内的一天 0～31，%H 表示 24 小时数 0～23，%M 表示分钟数 00～59，%S 表示秒 00～59。

还有很多其他格式的参数，具体内容大家可以自行去网上搜索。

time 模块还有很多函数，常用的有 time.sleep(seconds)，表示暂停程序几秒钟，在 Python 里面输入 time.sleep(5)体验一下暂停 5 秒钟的感觉。

time 里的其他时间函数请大家自行去网上搜索后在 Python 里面进行体验。

 练习

在网上寻找 datetime 函数包的用法，用两行代码重写输入年月日输出星期几（中文）的程序。如图 3-5-5 所示。

```
1  #coding=utf-8
2  #输入年月日输出星期几(中文)
3  #作者: 学哥    时间: 2017/1/19
4  import datetime
5  year=input("year:")
6  month=input("month:")
7  day=input("day:")
8  weeks=["星期一","星期二","星期三","星期四","星期五","星期六","星期天"]
9  print weeks[datetime.datetime(year,month,day,12,0,0).weekday()]
10
```

图 3-5-5

3.6 字符串操作和读写文件

3.6.1 认识字符串

字符串是 Python 最常用的数据类型，可以使用单引号或者双引号来创建字符串。

例如：

```
str1="hello world"
str2='python is good'
```

3.6.2 访问字符串中的值

字符串相当于一个字符组成的列表，访问当中的字符和列表访问元素类似，如图 3-6-1 所示。

```
>>> str1="hello world"
>>> print str1[0]
h
>>> print str1[1:3]
el
>>>
```

图 3-6-1

使用冒号的形式截取一段字符，冒号前后都是指从 0 开始的位置序号。

3.6.3 转义字符

如果在字符串里面要出现单引号或者双引号怎么办，字符串必须要前后引号成对匹配，当中出现一个，后面的就认为字符串结束了，所以需要增加一个特殊的转义字符表示一些特殊的字符，比如回车符等。

以下是常用的转义字符：

\（在行尾时）：续行符

\\：反斜杠符号

\'：单引号

\"：双引号

\n：换行

具体用法如图 3-6-2 所示。

```
>>> str2="it\'is a \"good\" store.\n my name is tom."
>>> print str2
it'is a "good" store.
 my name is tom.
>>>
```

图 3-6-2

3.6.4　字符串运算符

以下是一些常用的字符串运算符：

+：字符串连接

*：字符串重复

[]：字符串通过索引获取当中的字符

[:]：截取字符串中的一部分

in：判断字符串是否包含在另外一个字符串中

具体用法如图 3-6-3 所示。

```
>>> str3="Hello"
>>> str4="Tom"
>>> print str3+str4
HelloTom
>>> print str3*3
HelloHelloHello
>>> print str3[2]
l
>>> print str3[1:2]
e
>>> print "ell" in str3
True
>>> print str4 in str3
False
>>>
```

图 3-6-3

3.6.5 字符串格式化

如果要将一个浮点数输出到一个字符串中，并且固定为金额方式，即小数位数 2 位，可以通过字符串格式化进行输出：

%s：格式化字符串

%f：格式化浮点数，可指定小数点后的精度

具体用法如图 3-6-4 所示。

```
>>> str5="my name is %s, i have money %f"
>>> print str5 % ('michael',128.9876)
my name is michael, i have money 128.987600
>>> str6="my name is %s, i have money %.2f"
>>> print str6 % ('michael',128.9876)
my name is michael, i have money 128.99
>>>
```

图 3-6-4

3.6.6 常用的字符串内建函数

string.count(str,beg=0,end=len(string))：返回 str 在 string 里面出现的次数。

string.lower()：转换 string 中所有的大写字符为小写。

string.split(str="",num=string.count(str))：以 str 为分隔符切片。

string.upper()：转换 string 中所有的小写字符为大写。

具体用法如图 3-6-5 所示。

```
>>> str7="my name is michael,i have money 888"
>>> print str7.count("m")
4
>>> print str7.split(" ")
['my', 'name', 'is', 'michael,i', 'have', 'money', '888']
>>>
```

图 3-6-5

3.6.7 文件读写

使用如图 3-6-6 所示方法进行读写文件。

```
>>> fo=open("hello.txt","wb")
>>> print "文件名:",fo.name
文件名: hello.txt
>>> print "是否已关闭:",fo.closed
是否已关闭: False
>>> print "访问模式:",fo.mode
访问模式: wb
>>> fo.close()
>>> print "是否已关闭:",fo.closed
是否已关闭: True
>>> fo.write("hello world")
Traceback (most recent call last):
  File "<stdin>", line 1, in <module>
ValueError: I/O operation on closed file
>>> fo=open("hello.txt","wb")
>>> fo.write("hello world")
>>> fo.write("\n")
>>> fo.write("my name is michael")
>>> fo.close()
>>> fo=open("hello.txt","r+")
>>> str=fo.read()
>>> print str
hello world
my name is michael
>>>
```

图 3-6-6

具体函数的用法，大家可自行去网上找相关教程学习，然后在 Python 当中实验。

3.6.8 统计文章中出现次数最多的 10 个字

将刚才写的文件 hello.txt 用文本编辑器打开，hello.txt 应该就在当前目录下，如何查看当前目录，具体方法如下：

（1）在 LX 终端输入命令 pwd 查看当前目录，如果是 Windows 系统，则 cmd 窗口中的"＞"符号前面会显示当前目录，如图 3-6-7 所示。

（2）打开文本编辑器之后，打开这个 TXT 文件，然后去网上随便找一篇文章，复制粘贴到此文件中，如图 3-6-8 所示。

图 3-6-7

图 3-6-8

在文件保存时注意保存编码为 utf-8，如图 3-6-9 所示。

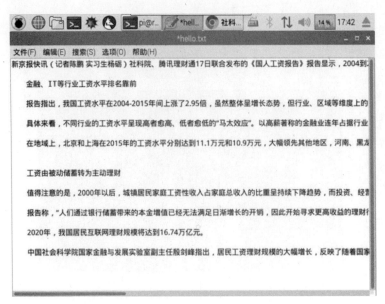

图 3-6-9

编写如图 3-6-10 所示代码进行统计该文章中出现最多的前 10 个字。

编程思路：

参照之前做过的统计一个字符串中每个字符出现的次数的程序。

（1）首先打开 hello.txt 文件，然后读取所有内容到一个字符串；

（2）利用字典数据类型，统计每个字符出现的次数；

（3）将字典数据里面的 key 和 value 分别存放到列表中；

（4）针对 value 也就是次数进行排序；

（5）排序时候，同时对 key 进行相同次序变化；

（6）排序完成之后，利用 while 循环打印出前 10 个字和相应的次数。

```
1   #coding=utf-8
2   #输入一行字符串打印出每个字符出现的次数
3   #作者：学哥   时间：2017/1/11
4   fo=open("hello.txt","r+")
5   inputstr=fo.read().decode("utf-8")
6   fo.close()
7   #用于存储不重复的字符统计  "字符":个数
8   chars={}
9   #遍历输入字符串进行统计
10  for onechar in inputstr:
11      #判断是否存在该字符
12      if chars.has_key(onechar):
13          #统计个数加1
14          chars[onechar]=chars[onechar]+1
15      else:
16          #不存在则新增该字符键，值为1
17          chars[onechar]=1
18  countarray=[]
19  newchars=[]
20  #遍历统计字典键
21  for key in chars.keys():
22      countarray.append(chars[key])
23      newchars.append(key)
24
25  #从0循环到len-1,最后一个无需处理
26  for i in range(len(countarray)-1):
27      #从i循环到len
28      for j in range(i+1,len(countarray)):
29          #如果后面的值大于当前值，需要交换位置
30          if countarray[j] > countarray[i]:
31              #交换位置
32              temp = countarray[j]
33              countarray[j] = countarray[i]
34              countarray[i] = temp
35              tempchar = newchars[j]
36              newchars[j] = newchars[i]
37              newchars[i] = tempchar
38  c=0
39  while c<10:
40      print newchars[c],countarray[c]
41      c=c+1
42
```

图 3-6-10

结果如图 3-6-11 所示。

图 3-6-11

本节结束之后，关于 Python 语言的基础知识就结束了，后面开始讲树莓派电脑控制硬件传感器。大家如果还想学习 Python，可以自己去网上搜索更多教程，关键在于多动手做练习。

第 4 章

使用树莓派电脑控制各种硬件

4.1 让 LED 灯亮起来

本节开始，进入树莓派硬件控制传感器的世界，感受软件和硬件结合带来的无穷魅力。

4.1.1 购买硬件

根据后续课程的安排，需要购买的硬件零件如下：面包板、杜邦线（20cm 公对母）、led 灯、蜂鸣器、温湿度传感器（可以买两个备用）、电阻包。

4.1.2 GPIO 介绍

先来看一下树莓派主板的一些对外的接口，如图 4-1-1 所示是反面的情况。

图 4-1-1

如图 4-1-2 所示是正面的情况。

图 4-1-2

需要重点关注上面的 40 根引脚,这就是树莓派用于控制外部传感器的接口,称之为 GPIO。40 根引脚如何进行编号呢?如果按照物理位置来编号,只要掌握一个规则就容易记住:最靠近角上的那一根引脚为 2 号引脚,旁边的就是 1 号引脚,具体请看图 4-1-2 示意图。那么这 40 根引脚具体的用途和定义是什么呢?请看图 4-1-3。

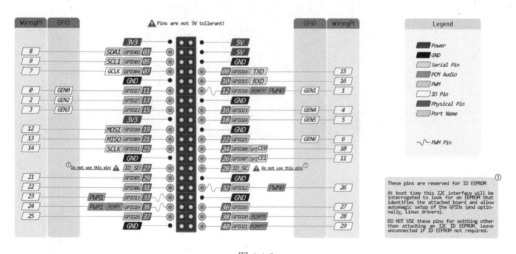

图 4-1-3

这个图是一个比较全面的定义,主要是因为对于这 40 根引脚有不同的编号规则来定义。虽然不同的规则叫的名字不一样,但实际的用途是一致的。这里只学习一种编号规则,也就是物理位置编号,这样更容易进行物理连接。

请看图 4-1-4 所示的简图。

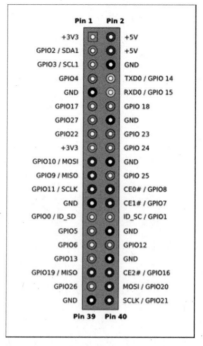

图 4-1-4

1 号引脚输出 3.3V 的电压，也就是如果你拿一个数字万用表去测量这根引脚的电压，会一直测出来是 3.3V。

2 号引脚输出 5V 的电压，也就是如果你拿一个数字万用表去测量这根引脚的电压，会一直测出来是 5V。

6 号引脚一个 GND，也就是接地，如果测量电压，就是 0 伏。

11 号引脚是绿色图标，旁边写着 GPIO17，其实这个接口就是普通的接口，可以输入也可以输出，如果设置为输出，则可以输出高电压或者低电压。输出高电压就是 3.3V，输出低电压就是 0V，可以通过程序来控制。GPIO17 只是另外一种编号方式，这里我们可以忽略。

假如需要一个恒定的电压输出到某个电路，则可以选择 3.3V 或者 5V 的相应接口。

假如需要一个变化的电压输出到某个电路，则可以选择绿色的 GPIO 接口，例如 11 号、12 号、13 号、15 号等。

4.1.3 LED 灯电路原理

如果学过物理，那么应该可以看懂最简单的电路图，如图 4-1-5 所示。

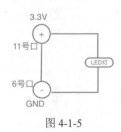

图 4-1-5

要让 LED 灯亮起来，需要在 LED 灯的正极输入一个正的电压，LED 灯的负极接地，这样 LED 灯就可以亮起来了。根据前面的 GPIO 接口的定义，选择 6 号口 GND 连接到 LED 灯的负极，然后选择 11 号口连接到 LED 灯的正极。这样，通过程序控制 11 号口，输出一个 3.3V 的电压，LED 灯就亮了，输出一个 0V 电压，LED 灯就灭了。

4.1.4 硬件连接

在开始连接硬件电路之前，首先要做的事是将树莓派电脑关机，并断开电源。因为如果树莓派主板带电，进行插接电路可能会导致电子元器件的烧毁，所以一定要记住这个原则：**连接电路的时候主板必须断电**。

取出面包板、两根 20cm 的公对母杜邦线、1 个 LED 灯，如图 4-1-6 所示。

将杜邦线的母头插到树莓派主板的 GPIO 接口的 6 号口和 11 号口，如图 4-1-7 所示

图 4-1-6

图 4-1-7

将杜邦线另外一头的公头插入面包板上,如图 4-1-8 所示。

将 LED 灯的长脚插入 11 号口线的同一纵排,将 LED 灯的短脚插入 6 号口线的同一纵排,如图 4-1-9 所示。

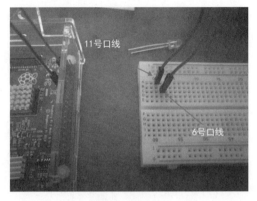

图 4-1-8

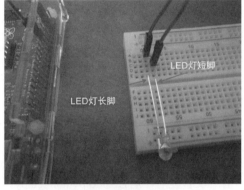

图 4-1-9

插好之后的样子如图 4-1-10 所示。这样插好之后,全部的电路就连接好了。

这里大家可以自行去网上搜索一下关于面包板的电路图,看看为何这样就可以把线和 LED 灯连接起来了。

整体连接的效果如图 4-1-11 所示。

图 4-1-10

图 4-1-11

检查一下电路的接口是否有错误,正确无误之后就可以启动树莓派电脑的电源了。

4.1.5 编写程序

电脑启动之后,就可以编写程序了:启动文本编辑器,输入如图 4-1-12 所示代码,文件保存为 led.py。

```
import RPi.GPIO as GPIO
import time
GPIO.setmode(GPIO.BOARD)
GPIO.setup(11,GPIO.OUT)
GPIO.output(11,True)
time.sleep(3)
GPIO.output(11,False)
GPIO.cleanup()
```

图 4-1-12

4.1.6 执行程序

保存文件之后,运行 sudo python led.py,看看 LED 灯是否亮了 3 秒钟之后就熄灭了。

如果灯不亮,则按照以下次序进行检查判断:

(1)查看树莓派主板上的引脚口的编号。

11 号口接到面包板上的是否对着 LED 灯的长脚。

6 号口接到面包板上的是否对着 LED 灯的短脚。

(2)如果接线没有错误,则有可能是 LED 灯坏了。

可以换一个 LED 灯试试看。或者将 11 号口的杜邦线的母头拔出来,插入到 1 号口,看看 LED 灯是否亮,如果亮了则说明灯和线没有问题。

(3)如果电路都没有问题,则可能是程序错误。

逐行检查代码,看看是否有遗漏或者错误。

(4)如果以上都不能让灯亮起来,那只能去 qq 群里直接提问了。

程序执行结果如图 4-1-13 所示。

图 4-1-13

4.1.7 程序中每行代码的说明

```
import RPi.GPIO as GPIO
```

导入模块 RPI.GPIO，命名别名为 GPIO。

如果只写 import RPi.GPIO 也是可以的，但是后面用时就必须写为"RPi.GPIO.setmode(RPi.GPIO.BOARD)"。用别名的方式可以简化代码。

```
import time
```

导入 time 模块。

```
GPIO.setmode(GPIO.BOARD)
```

声明 GPIO 使用物理编号方式，也就是 11 号口为物理编号 11 号口。

```
GPIO.setup(11,GPIO.OUT)
```

声明 11 号口是用于输出模式。

为何 6 号口不用声明呢，因为它是 GND，不可能变化，也就不可能输入和输出。

```
GPIO.output(11,True)
```

设置 11 号口为高电压，也就是 11 号口变为 3.3V。

这行代码执行之后，11 号口变为高电压，那么根据电路原理，LED 灯就会亮起来。如果后面没有代码了，则 LED 灯会一直亮下去，直到程序修改了输出或者电脑接口断电。

```
time.sleep(3)
```

程序休眠 3 秒钟。程序休眠期间，LED 灯会一直亮着。

```
GPIO.output(11,False)
```

设置 11 号口为低电压，也就是 11 号口变为 0V，和 GND 一样。这行代码执行之后，11 号口变为低电压，那么根据电路原理，LED 灯就会熄灭。

```
GPIO.cleanup()
```

将所有的 GPIO 口状态恢复为初始化，一般代码结束时都执行此代码，方便后续代码运行从初始状态开始。

程序整体的功能很简单，基本流程如下：。

（1）导入必须的模块。

（2）设置 GPIO 的编号模式。

（3）设置需要用到的 GPIO 接口的模式。

（4）控制 GPIO 口的电压状态。

（5）结合时间模块运行出自己想要的结果。

大家要根据以上基本的代码以及说明，思考如何修改程序、改变运行功能。

练习

（1）将休眠时间修改为 10 秒。

将 time.sleep(3) 修改为 time.sleep(10)

（2）增加 8 根线和 4 个 LED 灯、5 个 LED 灯依次亮 3 秒，循环 10 次结束。

① 选择 8 个 GPIO 口，其中 4 个是控制口，另外 4 个是 GND。

② 选择 LED 灯 2 的正极接 12 号口，负极接 25 号口。

③ 选择 LED 灯 3 的正极接 13 号口，负极接 30 号口。

④ 选择 LED 灯 4 的正极接 15 号口，负极接 34 号口。

⑤ 选择 LED 灯 5 的正极接 16 号口，负极接 39 号口。

⑥ 接好之后的连线情况如图 4-1-14 所示。

图 4-1-14

⑦ 将前面的 led.py 另存为 led5.py，如图 4-1-15 所示。

```
import RPi.GPIO as GPIO
import time
GPIO.setmode(GPIO.BOARD)
GPIO.setup(11,GPIO.OUT)
GPIO.setup(12,GPIO.OUT)
GPIO.setup(13,GPIO.OUT)
GPIO.setup(15,GPIO.OUT)
GPIO.setup(16,GPIO.OUT)

GPIO.output(11,True)
GPIO.output(12,True)
GPIO.output(13,True)
GPIO.output(15,True)
GPIO.output(16,True)
time.sleep(3)
GPIO.output(11,False)
GPIO.output(12,False)
GPIO.output(13,False)
GPIO.output(15,False)
GPIO.output(16,False)

GPIO.cleanup()
```

图 4-1-15

这样是让 5 个 LED 灯同时亮 3 秒钟然后同时熄灭，可以检测灯和线路都没有问题。运行结果如图 4-1-16 所示。

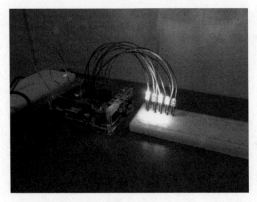

图 4-1-16

⑧ 修改代码如图 4-1-17 所示，让 5 个灯依次亮 3 秒后熄灭，循环 10 次。

```
import RPi.GPIO as GPIO
import time
GPIO.setmode(GPIO.BOARD)
GPIO.setup(11,GPIO.OUT)
GPIO.setup(12,GPIO.OUT)
GPIO.setup(13,GPIO.OUT)
GPIO.setup(15,GPIO.OUT)
GPIO.setup(16,GPIO.OUT)
c=0
while c<10:
    GPIO.output(11,True)
    time.sleep(3)
    GPIO.output(11,False)
    GPIO.output(12,True)
    time.sleep(3)
    GPIO.output(12,False)
    GPIO.output(13,True)
    time.sleep(3)
    GPIO.output(13,False)
    GPIO.output(15,True)
    time.sleep(3)
    GPIO.output(15,False)
    GPIO.output(16,True)
    time.sleep(3)
    GPIO.output(16,False)
    c=c+1
GPIO.cleanup()
```

图 4-1-17

大家可以发挥一下，看看最多可以增加到多少个 LED 灯，注意 GND 是可以共用的。如果增加到很多个，就可以利用 LED 灯组成点阵，显示字母或者数字，还可以组成各种图案，比如花朵五角星等。

有兴趣的读者可以尝试看看如何利用 LED 组成点阵显示字母或者数字。

4.2 使用笔记本电脑远程控制树莓派电脑

为了简化起见，笔者在 1.7 节中建议读者购买的是 7 寸液晶屏及键盘鼠标的电脑，装在工具箱里面也是携带非常方便的，并且不必需要网络支持，更适合以前手里没有笔记本电脑的小白同学。

目前电子产品发展迅速，很多读者都有笔记本电脑，并且前面的 Python 基础编程课使用笔记本电脑也是完全可行的，有些同学反映说 7 寸屏幕太小了，看起来有点累，因此，笔者本节就介绍一下如何通过笔记本电脑远程登录树莓派电脑运行程序。理论上来说，是可以不需要 7 寸液晶屏和 HDMI 线和键盘鼠标的。

4.2.1 需要网络支持

很简单，如果没有了屏幕，就必须通过网络来登录和控制树莓派电脑，因此必须要有网络支持，至少要有一个路由器。

树莓派操作系统默认一般都是开启了网络的，并且由于无线 Wi-Fi 网络一般都是需要输入密码的，在没有键盘鼠标的情况下，只能采用有线网络连接的方式，因此我们还需要准备一根网线，将网线一头接到路由器上，另外一头接到树莓派的网口上。如图 4-2-1 所示。

图 4-2-1

4.2.2 如何查看网络 IP 地址

一般要访问网络上的另外一台电脑，必须知道这台电脑的网络 IP 地址，知道地址之后才能访问和进入，就类似于去朋友家做客必须知道他家里的地址门牌号一样的。

网络 IP 地址一般是这样的：192.168.1.101 或者 192.168.0.2 或者 192.168.31.249 等。

有三种办法获取树莓派电脑的网络 IP 地址：

（1）假如树莓派电脑配好了液晶屏和鼠标键盘，那么比较简单，打开"LX 终端"，输入命令 ifconfig，就可以看到，如图 4-2-2 所示。

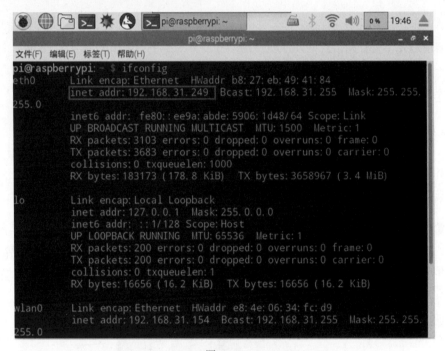

图 4-2-2

找到网卡名字为 eth0，里面的 inet addr 就是树莓派电脑当前的 IP 地址。

（2）假如知道路由器管理后台的登录密码，则可以通过进入路由器管理后台查看。

第一步，确保自己的笔记本电脑也连接到同一个路由器上，可以是有线或者无线方式。

第二步，打开笔记本电脑的 cmd 窗口，输入命令 ipconfig，查看路由器的默认网关的网络 IP 地址，如图 4-2-3 所示。

第 4 章　使用树莓派电脑控制各种硬件

图 4-2-3

第三步，在笔记本电脑上打开一个浏览器窗口，输入该 IP 地址，一般会出现一个网页，需要密码登录，如图 4-2-4 所示。

图 4-2-4

我这里用的是小米路由器，只需要输入路由器管理密码就可以了。密码是第一次进入管理器后台的时候设置的。如果忘记了密码或者自己并不知道密码，那就不能用这个方法了。

另外，如果是其他型号的路由器，可能需要账号和密码登录，一般默认的账号和密码可能是用贴纸贴在路由器上，大家可以找找。

进入路由器的管理后台之后，可以单击连接的设备查看，如图 4-2-5 所示。

图 4-2-5

单击之后，可以看到如图 4-2-6 所示的 IP 地址。

图 4-2-6

一般根据名字可以判断出哪个设备是树莓派电脑，记下来它的 IP 地址。

如果是其他型号的路由器，可能单击查看的菜单不一样，大家自己找一找，或者去网上搜搜看如何查看连接设备。

（3）如果以上两种方法都不行，还有一种方法，就是下载一个局域网扫描软件，扫描局域网所有的网络地址，然后分析判断并尝试连接，从而获取树莓派电脑的 IP 地址。

请大家自己去网上搜索一个软件，名字叫 IPScan。

下载以后是一个 ipscan.zip 压缩文件，将这个文件解压缩，然后进入目录，找到 ipscan.exe，双击执行，如图 4-2-7 所示。

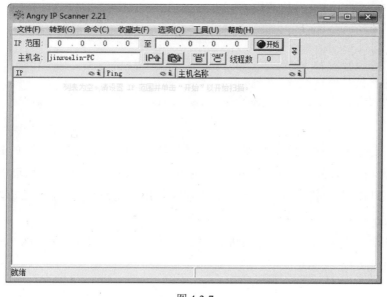

图 4-2-7

使第 2 个方法的第一步，通过 ipconfig 命令是可以查到当前笔记本的 IP 地址的，根据这个地址，输入到 IPScan 的 IP 范围中。

比如，我的笔记本电脑的 IP 地址是 192.168.31.33，则 IP 范围是 192.168.31.2 到 192.168.31.255，前面 3 段不变，最后一个，前面一个取 2，后面一个取 255，将两个地址输入到 IPScan 的 IP 范围，然后单击"开始"按钮，等待扫描完成，如图 4-2-8 所示。

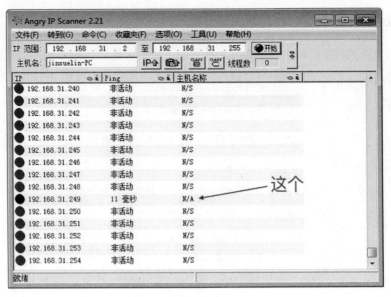

图 4-2-8

- 如果连接到当前路由器的设备不多,就比较容易区分出来哪个是树莓派的 IP 地址。
- 如果看到 IP 地址前面图标是红色的,表示这个 IP 地址没有电脑,可以忽略;
- 如果看到 IP 地址前面图标是蓝色的,表示这个 IP 地址是有电脑的,假如有主机名称,则比较好判断;
- 如果主机名称是 N/A,则不好判断,只能一个一个去尝试登录,然后能登录则找到,不能登录则换下一个地址尝试。

4.2.3　如何远程登录

如果在 Mac 笔记本里面,在"终端"程序直接运行命令 ssh pi@IP 地址,输入"yes",按下"Enter"键,再输入密码后按下"Enter"键,就可以远程登录到树莓派电脑了,如图 4-2-9 所示。

第 4 章　使用树莓派电脑控制各种硬件

```
Last login: Thu Feb 9 16:48:45 on ttys000
jinxuelindeMacBook-Pro:~ jinxuelin$ ssh pi@192.168.31.249    ← 按下"Enter"键
The authenticity of host '192.168.31.249 (192.168.31.249)' can't be established.
ECDSA key fingerprint is SHA256:IpiouxA/O5lIn+ZnSdaNicwFaYvseTnmEAekE7Is8eU.
Are you sure you want to continue connecting (yes/no)? yes
Warning: Permanently added '192.168.31.249' (ECDSA) to the list of known hosts.
pi@192.168.31.249's password:    ← 输入密码再按下"Enter"键

The programs included with the Debian GNU/Linux system are free software;
the exact distribution terms for each program are described in the
individual files in /usr/share/doc/*/copyright.

Debian GNU/Linux comes with ABSOLUTELY NO WARRANTY, to the extent
permitted by applicable law.
Last login: Fri Feb 3 17:27:36 2017
pi@raspberrypi:~ $        ← 登录成功
```

图 4-2-9

如果在 Windows 电脑里面，则需要下载一个 PuTTY 软件。

下载以后是一个 puttyfile.zip 压缩文件，将这个文件解压缩，然后进入目录，找到 putty.exe，双击执行程序，如图 4-2-10 所示。

图 4-2-10

在设置界面中，主机名称输入树莓派电脑的 IP 地址，保存的会话中输入"rasp"，单击"保存"按钮，单击"打开"按钮，如图 4-2-11 所示。

157

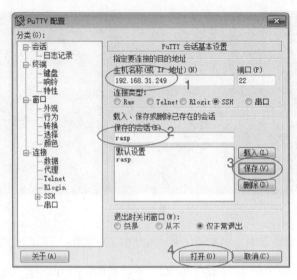

图 4-2-11

在弹出的"PuTTY 安全警告"窗口中单击"是"按钮,如图 4-2-12

图 4-2-12

进入登录界面,在 login as: 后面输入 pi,按下"Enter"键,然后输入密码后再按下"Enter"键,如图 4-2-13 所示。

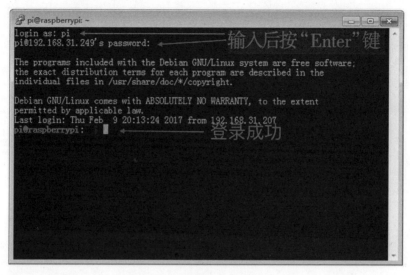

图 4-2-13

如果一切顺利，IP 地址正确，用户密码正确，应该如图 4-2-13 一样进入了树莓派电脑中。如果不正确，一般都是网络 IP 地址不正确，或者该 IP 地址不是树莓派电脑，或者树莓派电脑没有启动 SSH 服务。

4.2.4 如何上传文件

在自己的笔记本电脑上写好一个 Python 程序后，需要将文件上传到树莓派电脑上。

如果在 Mac 笔记本里面，在"终端"程序直接运行命令 scp hello.py pi@IP 地址:/home/pi，然后输入密码就可以完成上传文件，例如：

scp hello.py pi@192.168.31.249

注意先要在终端里面 cd 到 hello.py 所在的目录下再执行此命令。

如果在 Windows 电脑里面，需要下载一个 WinSCP 软件。

下载以后是一个 winscp_chs.zip 压缩文件，将这个文件解压缩，然后进入目录，找到 WinSCP-5.9.1-Setup.exe，双击执行程序。

然后安装过程一路都是单击"下一步"按钮，完成之后，启动 WinSCP 程序，进入新建站点页面，输入登录信息，文件协议选择 SCP，输入主机名为树莓派电脑的 IP 地址，用户名为 pi，密码为 raspberry，单击"保存"按钮，如图 4-2-14 所示。

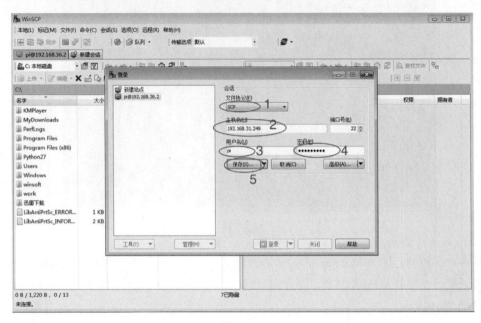

图 4-2-14

弹出"将会话保存为站点"窗口，勾选"保存密码"，单击"确定"按钮，再单击"登录"按钮，如图 4-2-15 所示。

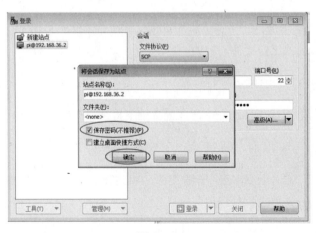

图 4-2-15

第 4 章　使用树莓派电脑控制各种硬件

在弹出的警告窗口单击"是"按钮，如图 4-2-16 所示。

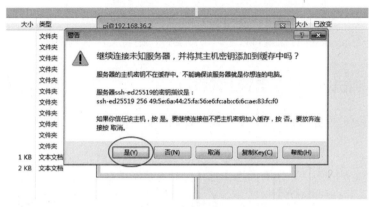

图 4-2-16

如果顺利，应该如图 4-2-17 所示，左侧是当前笔记本电脑的目录和文件，右侧是树莓派电脑的目录和文件。

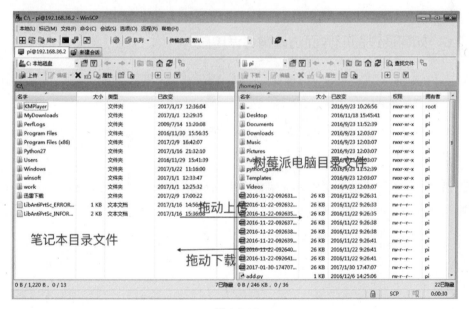

图 4-2-17

通过选择目录，然后拖动文件，就可以完成上传文件和下载文件。

例如，要从笔记本电脑复制一个 hello.py 文件到树莓派，则在左侧找到目录和文件，然后拖动文件到右侧的/home/pi 目录就可以了。下载文件，则将文件从右侧拖动到左侧。

4.2.5 如何执行树莓派电脑上的程序

首先使用前面远程登录的方法，登录到树莓派电脑上，然后就相当于你当前已经进入了树莓派电脑一样。

切记一旦登录进入之后，所有的操作都是针对树莓派电脑了，相当于你直接用键盘鼠标连接到树莓派，和你当前的笔记本电脑就没关系了，除非退出登录，回到笔记本电脑，或者离开 PuTTY 软件，操作笔记本电脑的其他软件。

登录进入树莓派电脑后，和以前一样，运行 Python 命令，或者运行 python hello.py 执行 Python 程序。

4.2.6 如何通过图形界面访问树莓派电脑

以上远程登录的方式，是命令行的方式，有的时候我们需要登录到树莓派的图形化界面，因此要换一种登录方式。

图形化远程登录有好多种方式，我这里只介绍通过 xrdp 的方式，其他方式大家可以自行搜索，进行实践。

首先需要在树莓派电脑上安装 xrdp 服务程序，使用命令行方式登录树莓派电脑，在树莓派电脑里面输入命令，如图 4-2-18 所示。

sudo apt-get install xrdp

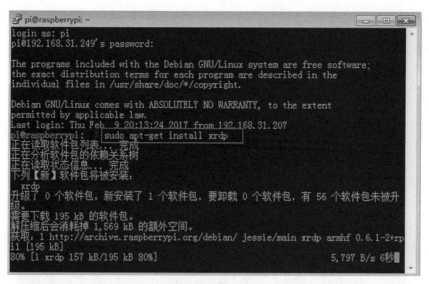

图 4-2-18

xrdp 是一种可以在后台运行的计算机守护进程,并支持 Mac 或 Windows 操作系统的远程客户端连接登录到该计算机的图形化界面。

然后,需要在笔记本上安装 xrdp 的客户端。

(1) 如果是 Mac 笔记本,则需要下载 Remote Desktop connection。下载后安装,然后运行该程序,输入 IP 地址,如图 4-2-19 所示。

图 4-2-19

弹出窗口,输入用户名 pi 和密码 raspberry,单击"OK"按钮,如图 4-2-20 所示。

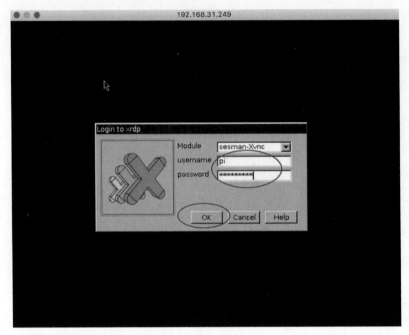

图 4-2-20

进入树莓派的图形界面,在里面的操作与之前相同,如图 4-2-21 所示。

图 4-2-21

(2)如果是 Windows 笔记本,则无须安装程序,系统自带了。

第 4 章　使用树莓派电脑控制各种硬件

单击"开始>运行...",弹出"运行"窗口,输入"mstsc",按下"Enter"键,弹出"远程桌面连接"窗口,输入 IP 地址,单击"连接"按钮,如图 4-2-22 所示。

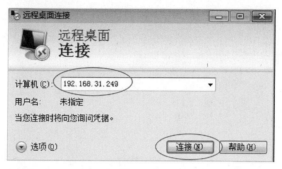

图 4-2-22

在弹出窗口中输入用户名 pi 和密码 raspberry,单击"OK"按钮,如图 4-2-23 所示。

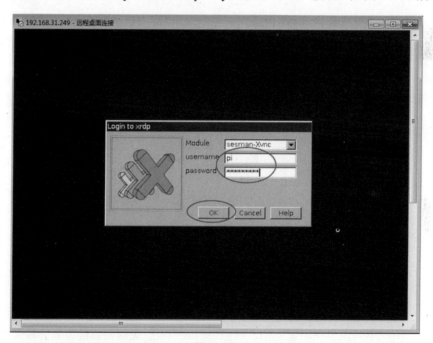

图 4-2-23

之后进入树莓派的图形界面,如图 4-2-24 所示。

图 4-2-24

4.2.7 摆脱线的束缚

如果未来想将树莓派电脑作为智能小车的控制大脑,则需要树莓派电脑摆脱连接线的束缚。如果实现了上面的通过图形界面访问树莓派电脑,那么除了电源线,就只有一根网线的束缚了。

如果将网线去掉,替换成 Wi-Fi 无线连接的方式,将树莓派电脑和电源一起安装到智能小车上,就可以无线遥控智能小车了(见图 4-2-25)。

图 4-2-25

通过图形化方式登录到树莓派电脑,参照以前我们设置无线网络的方式,将树莓派连接到无线路由器的 Wi-Fi 上,保存好连接密码,如图 4-2-26 所示。

第 4 章 使用树莓派电脑控制各种硬件

图 4-2-26

然后通过"ifconfig"命令获取到有线网络的 IP 地址，注意有线和无线是不同的 IP 地址。

拔掉网线，重新切换远程登录的 IP 地址，就可以无线远程登录到树莓派电脑，从而摆脱所有的线的束缚。

4.3 发出蜂鸣声音

4.3.1 蜂鸣器

蜂鸣器分为以下两种：

1. 无源蜂鸣器

（1）无源内部不带震荡源，所以如果用直流信号则无法令其鸣叫。

（2）声音频率可控，可以做出"多来米发索拉西"的效果。

（3）在一些特例中，可以和 LED 复用一个控制口。

2. 有源蜂鸣器

（1）有源蜂鸣器内部带震荡源，所以只要一通电就会叫。

（2）方便程序控制。

我们采用的是有源蜂鸣器，如图 4-3-1 所示。

- 电压：3.5～5.5V
- 电流：<25mA
- 频率：2300±500

图 4-3-1

蜂鸣器只有两个引脚，长脚是正极接 GPIO 控制口，短脚是负极接 GND。因此电路连接就和 LED 灯是一样的，将蜂鸣器长脚正极接 7 号口，短脚负极接 9 号口。将树莓派关机后，连接线路如图 4-3-2 所示。

图 4-3-2

注意将蜂鸣器上面的一层粘纸撕掉。

4.2.2　持续鸣叫

编写程序 beep.py，如图 4-3-3 所示。

```
import RPi.GPIO as GPIO
import time
GPIO.setmode(GPIO.BOARD)
GPIO.setup(7,GPIO.OUT)

GPIO.output(7,True)
time.sleep(3)
GPIO.output(7,False)

GPIO.cleanup()
```

图 4-3-3

运行程序后,可以听到,蜂鸣器响的时间持续了 3 秒钟。可以修改休眠的时间,可以让蜂鸣器持续响的时间不一样。

4.2.3 有节奏地鸣叫

我们可以修改程序,让蜂鸣器有节奏地鸣叫,这样听起来更舒服悦耳。修改 beep.py 为 beep2.py,程序如图 4-3-4 所示。

```
#coding=utf-8
#蜂鸣器有节奏地鸣叫
#作者:学哥 时间:2017/2/1
import RPi.GPIO as GPIO
import time

PIN_NO=7

GPIO.setmode(GPIO.BOARD)
GPIO.setup(PIN_NO,GPIO.OUT)

def beep(seconds):
    GPIO.output(PIN_NO, True)
    time.sleep(seconds)
    GPIO.output(PIN_NO, False)

def beepAction(secs, sleepsecs, times):
    for i in range(times):
        beep(secs)
        time.sleep(sleepsecs)

beepAction(0.1, 0.1, 25)

GPIO.cleanup()
```

图 4-3-4

运行程序后,可以听到蜂鸣器有节奏地鸣叫。大家可以修改程序中的调用函数 beepAction 的参数,改为 0.02 或者 0.2 等,让蜂鸣器的鸣叫声音不一样。

练习

网上搜索温湿度传感器 DHT11 的相关信息,以及引脚说明。

4.4 控制温湿度传感器

本节讲一个新的传感器,温湿度传感器。

4.4.1 温湿度传感器

选用的型号是 DHT11,下面是这个型号的一些参数:

- 外文名:DHT11
- 供电电压:3.3~5.5V DC
- 输 出:单总线数字信号
- 测量范围:湿度 20-90%RH,温度 0~50℃
- 测量精度:湿度+-5%RH,温度+-2℃
- 分 辨 率:湿度 1%RH, 温度 1℃
- 互 换 性:可完全互换
- 长期稳定性:<±1%RH/年

这些信息一般通过以下方式获得:

(1)通过搜索引擎,搜索"温湿度传感器",通过百科知识获得基础信息。

(2)通过在电商平台上面检索"温湿度传感器",查看商品详细介绍信息,可能包含厂家的商品参数信息。

(3)通过查询厂家的产品白皮书获得更详细的产品介绍以及接口说明。

下面来看一下实物照片,以及相应的接口说明。

将温湿度传感器有孔洞的一面朝上,引脚朝下方摆放,从左到右依次为 1 到 4 号引脚,分别对应的接口说明如图 4-4-1 所示。

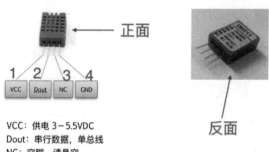

图 4-4-1

要了解详细的传感器原理，一般需要去搜索厂家的商品白皮书，关于 DHT11，推荐下载下面的 PDF 文件：

https://pan.baidu.com/s/1jGgm2Ya

查看下载文件，可以了解接口信息以及输出数据格式，如图 4-4-2 所示。

2. DHT11 数据结构

DHT11数字湿温度传感器采用单总线数据格式。即，单个数据引脚端口完成输入输出双向传输。其数据包由5Byte（40Bit）组成。数据分小数部分和整数部分,具体格式在下面说明。

一次完整的数据传输为40bit，高位先出。

数据格式：8bit湿度整数数据+8bit湿度小数数据
+8bit温度整数数据+8bit温度小数数据
+8bit校验和

校验和数据为前四个字节相加。

传感器数据输出的是未编码的二进制数据。数据(湿度、温度、整数、小数)之间应该分开处理。如果，某次从传感器中读取如下5Byte数据：

byte4	byte3	byte2	byte1	byte0
00101101	00000000	00011100	00000000	01001001
整数	小数	整数	小数	校验和
湿度		温度		校验和

由以上数据就可得到湿度和温度的值，计算方法：

humi (湿度)= byte4 . byte3=45.0　(%RH)
temp (温度)= byte2 . byte1=28.0　(℃)
jiaoyan(校验)= byte4+ byte3+ byte2+ byte1=73(=humi+temp)(校验正确)

注意：DHT11一次通讯时间最大3ms，主机连续采样间隔建议不小于100ms。

图 4-4-2

硬件的时序图在文档中有详细说明，根据时序图可以用程序来发送读取温度信号命令以及读取返回值。

4.3.2 硬件连接

通过上面的说明,以及根据厂家的电路图,连接硬件的方法如图 4-4-3 所示。

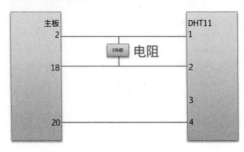

图 4-4-3

第一步,树莓派 GPIO 口接到面包板上。

- 树莓派 GPIO 的 2 号口,用杜邦线母对公连接到面包板上。
- 树莓派 GPIO 的 18 号口,用杜邦线母对公连接到面包板上。
- 树莓派 GPIO 的 20 号口,用杜邦线母对公连接到面包板上。

如图 4-4-4 所示。

图 4-4-4

第二步,DHT11 接到面包板上。

- DHT11 的 1 号口,用杜邦线母对公连接到面包板上,和 GPIO 的 2 号口的杜邦线同一排。

- DHT11 的 2 号口，用杜邦线母对公连接到面包板上，和 GPIO 的 18 号口的杜邦线同一排。
- DHT11 的 4 号口，用杜邦线母对公连接到面包板上，和 GPIO 的 20 号口的杜邦线同一排。

注意，由于 DHT11 的引脚比较细，插入杜邦线母头不太容易插紧，可以用透明胶粘贴固定。如图 4-4-5 所示。

第三步，在面包板上面，插入一个 10KΩ 的电阻。

插在 DHT 的 1 号口和 2 号口的 2 排线当中。如图 4-4-6 所示。

找到标签上写有 10KΩ 的电阻，如图 4-3-7 所示，然后插入到面包板上。全部电路连接如图 4-4-8 所示。

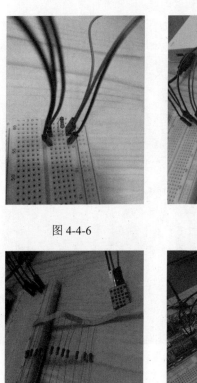

图 4-4-6　　　　　　　　图 4-4-5

图 4-4-7　　　　　　　　图 4-4-8

4.3.3 编写程序

启动树莓派电源，打开文本编辑器，编写代码如图 4-4-9 和图 4-4-10 所示。

```python
#coding=utf-8
import RPi.GPIO as GPIO
import time
#定义数据口
channel = 18
data = []
j = 0
#初始化模式
GPIO.setmode(GPIO.BOARD)
#休息一秒开始工作
time.sleep(1)
#设置GPIO接口为写入数据方式
GPIO.setup(channel, GPIO.OUT)
#先给一个低电压信号
GPIO.output(channel, GPIO.LOW)
time.sleep(0.02)
#0.02秒之后给一个高电压信号，启动温度测量
GPIO.output(channel, GPIO.HIGH)
#设置GPIO接口为读取数据方式
GPIO.setup(channel, GPIO.IN)
#循环等待，直到读取到一个高电压信号
while GPIO.input(channel) == GPIO.LOW:
    continue
#循环等待，直到读取到一个低电压信号
while GPIO.input(channel) == GPIO.HIGH:
    continue
#以上两个先高后低电压信号读取之后，说明可以开始读取实际温度数据了
while j < 40:
    k = 0
    while GPIO.input(channel) == GPIO.LOW:
        continue
    while GPIO.input(channel) == GPIO.HIGH:
        k += 1
        if k > 100:
            break
    #实际温度数据放到list中
    if k < 8:
        data.append(0)
    else:
        data.append(1)

    j += 1
#温度数据读取完毕，打印出来看看
print "sensor is working."
print data
```

图 4-4-9

```
46  #根据返回数据定义，解析数据
47  humidity_bit = data[0:8]
48  humidity_point_bit = data[8:16]
49  temperature_bit = data[16:24]
50  temperature_point_bit = data[24:32]
51  check_bit = data[32:40]
52
53  humidity = 0
54  humidity_point = 0
55  temperature = 0
56  temperature_point = 0
57  check = 0
58  #根据公式定义，解析温度数据和湿度数据
59  for i in range(8):
60      humidity += humidity_bit[i] * 2 ** (7-i)
61      humidity_point += humidity_point_bit[i] * 2 ** (7-i)
62      temperature += temperature_bit[i] * 2 ** (7-i)
63      temperature_point += temperature_point_bit[i] * 2 ** (7-i)
64      check += check_bit[i] * 2 ** (7-i)
65
66  tmp = humidity + humidity_point + temperature + temperature_point
67  #打印温度数据和湿度数据
68  if check == tmp:
69      print "temperature :", temperature, "*C, humidity :", humidity, "%"
70  else:
71      print "wrong"
72      print "temperature :", temperature, "*C, humidity :", humidity, "% check :", check, ", tmp :", tmp
73  #结束程序
74  GPIO.cleanup()
```

图 4-4-10

运行结果如图 4-4-11 所示。

图 4-4-11

可以看到运行多次的结果可能不一致，这是正常情况，因为这个型号的温湿度传感器本身就不是非常精确的传感器，再加上环境温度一直在变化。

如果希望看到温度测量结果剧烈变化，可以通过以下方式调节：

（1）用手掌握住传感器，可以利用人体体温加热，让传感器测量的温度上升。

（2）用一个塑料袋包住一个冰块，贴在传感器上，让传感器测量的温度下降。

上面这段代码有一个很大的问题，那就是当杜邦线和温度传感器的引脚接触不是很好时，可能会卡住，如何修改代码可以达到不会卡住？

具体代码的说明，我已经写在代码的注释当中了，大家自行学习。

当中关于温度的数据是如何解析出来的，大家大概了解明白就可以了。如果想弄清楚，需要仔细研究前面下载文件里面的电子电路时序图。这里用到一个新的知识点，是使用 GPIO.input(channel) 函数来读取 GPIO 口传递过来的电平信号。

下节将讲解说明将温湿度传感器和蜂鸣器结合在一起组成温度报警器，当温度大于某个温度或者小于某个温度时发出蜂鸣声音。

4.5 制作温度报警器

本节将温湿度传感器和蜂鸣器结合在一起组成温度报警器，当温度大于某个温度或者小于某个温度时发出蜂鸣声音。

4.5.1 硬件连接

4.4 节的温湿度传感器的连接留着不要拆除，然后按以下步骤增加蜂鸣器连接。

第 1 步，杜邦线两根公对母，母头插入树莓派主板 GPIO 口的 11 号口和 6 号口，如图 4-5-1 所示。

第 2 步，蜂鸣器插到面包板上面，注意记住蜂鸣器的长脚的位置，如图 4-5-2 所示。

第 4 章 使用树莓派电脑控制各种硬件

图 4-5-1

图 4-5-2

第 3 步，将杜邦线的公头插入到面包板上，连接到蜂鸣器的两个引脚的同一排上，注意 11 号 GPIO 口的线插入蜂鸣器长脚连接，6 号和短脚连接，如图 4-5-3 所示。

最后看一下全部接好后的效果如图 4-5-4 所示。

图 4-5-3

图 4-5-4

4.4.2 编写程序

编程思路：

将 4.3 节的检测传感器温湿度的代码另存为一个文件。

GPIO.setmode 这一句代码后面到最后一句代码 GPIO.cleanup()之前的所有代码放到一个 while 循环内部。while 循环次数可以设为 20 次，每次 sleep2 秒钟，这样整个程序会运行大概 1

177

分钟。在检测到温度之后，用 if 判断温度值，如果大于 20 度则调用一个发出蜂鸣器声音的函数。蜂鸣器声音的函数可以从 4.2 节的代码里面复制 beepAction 函数到这个文件中来。注意将 PIN_NO=7 也要复制过来并修改为 PIN_NO=11。程序代码如图 4-5-5 至图 4-5-7 所示。

```python
#coding=utf-8
import RPi.GPIO as GPIO
import time
#初始化模式
GPIO.setmode(GPIO.BOARD)
#定义数据口
channel = 18
PIN_NO = 11
GPIO.setup(PIN_NO, GPIO.OUT)
GPIO.output(PIN_NO, False)

#定义蜂鸣器鸣叫函数
def beep(seconds):
    GPIO.output(PIN_NO, True)
    time.sleep(seconds)
    GPIO.output(PIN_NO, False)

def beepAction(secs, sleepsecs, times):
    for i in range(times):
        beep(secs)
        time.sleep(sleepsecs)

c=0
#开始while循环20次
while c<20:
    #读取温度
    data = []
    j = 0
    #休息一秒开始工作
    time.sleep(1)
    #设置GPIO接口为写入数据方式
    GPIO.setup(channel, GPIO.OUT)
    #先给一个低电压信号
    GPIO.output(channel, GPIO.LOW)
    time.sleep(0.02)
    #0.02秒之后给一个高电压信号，启动温度测量
    GPIO.output(channel, GPIO.HIGH)
    #设置GPIO接口为读取数据方式
    GPIO.setup(channel, GPIO.IN)
    #循环等待，直到读取到一个高电压信号
```

图 4-5-5

```python
while GPIO.input(channel) == GPIO.LOW:
    continue
#循环等待，直到读取到一个低电压信号
while GPIO.input(channel) == GPIO.HIGH:
    continue
#以上两个先高后低电压信号读取之后，说明可以开始读取实际温度数据了
while j < 40:
    k = 0
    while GPIO.input(channel) == GPIO.LOW:
        continue
    while GPIO.input(channel) == GPIO.HIGH:
        k += 1
        if k > 100:
            break
    #实际温度数据放到list中
    if k < 8:
        data.append(0)
    else:
        data.append(1)

    j += 1
#湿度数据读取完毕，打印出来看看
#print "sensor is working."
#print data
#根据返回数据定义，解析数据
humidity_bit = data[0:8]
humidity_point_bit = data[8:16]
temperature_bit = data[16:24]
temperature_point_bit = data[24:32]
check_bit = data[32:40]

humidity = 0
humidity_point = 0
temperature = 0
temperature_point = 0
check = 0
#根据公式定义，解析温度数据和湿度数据
for i in range(8):
    humidity += humidity_bit[i] * 2 ** (7-i)
    humidity_point += humidity_point_bit[i] * 2 ** (7-i)
```

图 4-5-6

```python
    temperature += temperature_bit[i] * 2 ** (7-i)
    temperature_point += temperature_point_bit[i] * 2 ** (7-i)
    check += check_bit[i] * 2 ** (7-i)

tmp = humidity + humidity_point + temperature + temperature_point
#打印温度数据和湿度数据
if check == tmp:
    print "temperature :", temperature, "*C, humidity :", humidity, "%"
    #如果正常检测到温度
    if temperature > 20:
        print "temperature > 20 *C, beepAction"
        #如果温度大于20度，报警
        beepAction(0.1, 0.1, 10)
else:
    #print "wrong"
    print "temperature :", temperature, "*C, humidity :", humidity, "% check :", check, ", tmp :", tmp

c=c+1
print "loop :", c
#结束程序
GPIO.cleanup()
```

图 4-5-7

运行结果如图 4-5-8 所示。

图 4-5-8

可以看到，当温度大于 20 度时，触发了 beepAction，然后可以听到蜂鸣器的声音。

练习

修改程序，增加一个判断分支，当温度低于 10 度的时候，发出另外一种蜂鸣器的声音，可以利用冰块来降温并测试程序。

4.6 控制单位数码管显示数字

本来学习如何控制单位数码管来显示数字，如图 4-6-1 所示。

图 4-6-1

4.6.1 电路原理

下面来看一下单位数码管的电路原理图,如图 4-6-2 所示。

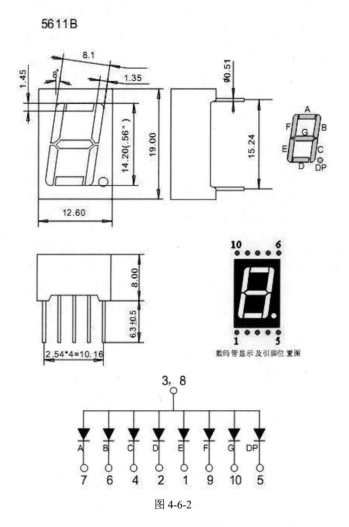

图 4-6-2

我们选择的是 5611B 型号的单位数码管。可以看到图 4-6-2 中第一行的左图是正面的尺寸图,中间图是侧面的尺寸图,右图是数码管的每个管子的定义,从最上面的 A 管依次到中间的 G 管,还有小数点的 DP 管。

通过组合 A 管到 G 管的不同亮起来和熄灭,就可以显示出数字信息。例如,让 FGBC 这四个管亮起来,就能显示数字 4 了。

第二行的左图是另外一个侧面的尺寸图,右图是关于引脚的编号,从正面看过去,让小数点放在右下角,下面从左到右为 1 到 5 号引脚,上面从右向左是 6 到 10 号引脚。这 10 个引脚的编号很重要,因为需要了解每个引脚的功能定义,才能决定如何通过引脚输入电压信号。

第三行的图是电路原理图。上面一层是 3 号引脚或者 8 号引脚。中间一层是 A 管到 DP 管,也就是数码管的 8 个管子。下面一层是 10 个引脚剩余的 8 个引脚。

下面解释一下这个电路原理图。

当中的 A 管到 DP 管,大家可以当作每个管都是一个 LED 灯,有正极和负极。正极输入高电压,负极输入 GND,就可以让数码管的单个管子亮起来。比如 3 号引脚输入高电压,7 号引脚输入低电压 GND,A 管的两端产生电压差,就可以让 A 管亮起来。但是如果 7 号引脚如果也输入高电压,A 管的两端没有电压差,A 管就会熄灭。假如 3 号引脚输入低电压,那么无论 7 号引脚是高电压还是低电压,都无法让 A 管亮起来。比如 3 号引脚输入高电压,2 号引脚输入低电压 GND,D 管的两端产生电压差,就可以让 D 管亮起来。但是如果 2 号引脚如果也输入高电压,D 管的 2 端没有电压差,D 管就会熄灭。假如 3 号引脚输入低电压,那么无论 2 号引脚是高电压还是低电压,都无法让 D 管亮起来。

其他原理相同。

这里要特别说明一下,数码管有两种型号,一种叫共阳数码管,另一种叫共阴数码管。区别在于公共端是阳极还是阴极。看上面的电路图,3 或 8 号引脚是公共端,是接到数码管的正极阳极,所以我们这里的就是共阳数码管。假如将 A 管到 DP 管的正极和负极对掉,就变成了共阴数码管了。

4.6.2 一个灯 A 管接线

我们先来让 A 管亮起来,按照如下规则接线:

- 树莓派 GPIO 的 7 号口,用杜邦线连接到单位数码管的 3 号引脚。
- 树莓派 GPIO 的 11 号口,用杜邦线连接到单位数码管的 7 号引脚。

实际接线图如图 4-6-3 所示。

第 4 章 使用树莓派电脑控制各种硬件

图 4-6-3

编写程序让一个灯 A 管亮起来。编写代码如图 4-6-4 所示。

```
#coding=utf-8
#数码管A亮3秒
#作者：学哥 时间：2017/2/2
import RPi.GPIO as GPIO
import time

LED_POWER=7
LED_A=11
#设置模式和输出端口
GPIO.setmode(GPIO.BOARD)
GPIO.setup(LED_POWER,GPIO.OUT)
GPIO.setup(LED_A,GPIO.OUT)
#初始化，让灯熄灭
GPIO.output(LED_POWER, False)
GPIO.output(LED_A, True)
#让灯亮起3秒后熄灭
GPIO.output(LED_POWER, True)
GPIO.output(LED_A, False)
time.sleep(3)
GPIO.output(LED_POWER, False)
GPIO.output(LED_A, True)

GPIO.cleanup()
```

图 4-6-4

运行结果如图 4-6-5 所示，可以看到灯 A 管亮了 3 秒钟后熄灭。

图 4-6-5

183

4.6.3 程序解释说明

（1）将 7 号口设置为低电压，将 11 号口设置为高电压，确保 LED 灯是熄灭状态的。

（2）设置 7 号口为高电压，就让数码管的 3 号引脚变为高电压。

（3）设置 11 号口为低电压，就让数码管的 7 号引脚变为低电压。

这样灯管 A 就会亮起来。休眠 3 秒后，将 7 号口设置为低电压，灯管 A 熄灭。

4.6.4 将全部灯管接线

- 树莓派 GPIO 的 12 号口，用杜邦线连接到单位数码管的 6 号引脚。
- 树莓派 GPIO 的 13 号口，用杜邦线连接到单位数码管的 4 号引脚。
- 树莓派 GPIO 的 15 号口，用杜邦线连接到单位数码管的 2 号引脚。
- 树莓派 GPIO 的 16 号口，用杜邦线连接到单位数码管的 1 号引脚。
- 树莓派 GPIO 的 18 号口，用杜邦线连接到单位数码管的 9 号引脚。
- 树莓派 GPIO 的 21 号口，用杜邦线连接到单位数码管的 10 号引脚。
- 树莓派 GPIO 的 22 号口，用杜邦线连接到单位数码管的 5 号引脚。

实际接线图如图 4-6-6 所示。

图 4-6-6

4.6.5 显示数字 1

要显示数字 1，需要将灯管 B 和 C 亮起来，其他灯管熄灭。那么需要将 GPIO 的 12 号口和 13 号口设置为低电压，其他口设置为高电压，就可以显示数字 1 了。编写代码如图 4-6-7 和图

4-6-8 所示。

```
#coding=utf-8
#数码管显示数字1
#作者：学哥 时间：2017/2/2
import RPi.GPIO as GPIO
import time

LED_POWER=7
LED_A=11
LED_B=12
LED_C=13
LED_D=15
LED_E=16
LED_F=18
LED_G=21
LED_DP=22

#设置模式和输出端口
GPIO.setmode(GPIO.BOARD)
GPIO.setup(LED_POWER,GPIO.OUT)
GPIO.setup(LED_A,GPIO.OUT)
GPIO.setup(LED_B,GPIO.OUT)
GPIO.setup(LED_C,GPIO.OUT)
GPIO.setup(LED_D,GPIO.OUT)
GPIO.setup(LED_E,GPIO.OUT)
GPIO.setup(LED_F,GPIO.OUT)
GPIO.setup(LED_G,GPIO.OUT)
```

图 4-6-7

```
GPIO.setup(LED_DP,GPIO.OUT)
#初始化，让灯熄灭
GPIO.output(LED_POWER, False)
GPIO.output(LED_A, True)
GPIO.output(LED_B, True)
GPIO.output(LED_C, True)
GPIO.output(LED_D, True)
GPIO.output(LED_E, True)
GPIO.output(LED_F, True)
GPIO.output(LED_G, True)
GPIO.output(LED_DP, True)
#数字1显示3秒后熄灭
GPIO.output(LED_POWER, True)
GPIO.output(LED_B, False)
GPIO.output(LED_C, False)
time.sleep(3)
GPIO.output(LED_POWER, False)
GPIO.output(LED_B, True)
GPIO.output(LED_C, True)

GPIO.cleanup()
```

图 4-6-8

运行结果如图 4-6-9 所示。

图 4-6-9

4.6.6 显示所有数字

参照数字 1 的方法，可以编写数字 2 到数字 9 的程序如图 4-6-10～4-6-12 所示。

```python
#coding=utf-8
#显示数字从1到9，间隔3秒
#作者：学哥    时间：2017/2/2
import RPi.GPIO as GPIO
import time

VCC=7
LED_A=11
LED_B=12
LED_C=13
LED_D=15
LED_E=16
LED_F=18
LED_G=21
LED_DP=22
#设置模式和输出端口
GPIO.setwarnings(False)
GPIO.setmode(GPIO.BOARD)
GPIO.setup(VCC, GPIO.OUT)
GPIO.setup(LED_A, GPIO.OUT)
GPIO.setup(LED_B, GPIO.OUT)
GPIO.setup(LED_C, GPIO.OUT)
GPIO.setup(LED_D, GPIO.OUT)
GPIO.setup(LED_E, GPIO.OUT)
GPIO.setup(LED_F, GPIO.OUT)
GPIO.setup(LED_G, GPIO.OUT)
GPIO.setup(LED_DP, GPIO.OUT)
#初始化，让所有灯熄灭
GPIO.output(VCC, False)
GPIO.output(LED_A, True)
GPIO.output(LED_B, True)
GPIO.output(LED_C, True)
GPIO.output(LED_D, True)
GPIO.output(LED_E, True)
GPIO.output(LED_F, True)
GPIO.output(LED_G, True)
GPIO.output(LED_DP, True)

#显示数字1
GPIO.output(VCC, True)
GPIO.output(LED_A, True)
GPIO.output(LED_B, False)
GPIO.output(LED_C, False)
GPIO.output(LED_D, True)
GPIO.output(LED_E, True)
GPIO.output(LED_F, True)
GPIO.output(LED_G, True)
GPIO.output(LED_DP, True)
time.sleep(3)
```

图 4-6-10

```
51  #显示数字2
52  GPIO.output(LED_A, False)
53  GPIO.output(LED_B, False)
54  GPIO.output(LED_C, True)
55  GPIO.output(LED_D, False)
56  GPIO.output(LED_E, False)
57  GPIO.output(LED_F, True)
58  GPIO.output(LED_G, False)
59  GPIO.output(LED_DP, True)
60  time.sleep(3)
61
62  #显示数字3
63  GPIO.output(LED_A, False)
64  GPIO.output(LED_B, False)
65  GPIO.output(LED_C, False)
66  GPIO.output(LED_D, False)
67  GPIO.output(LED_E, True)
68  GPIO.output(LED_F, True)
69  GPIO.output(LED_G, False)
70  GPIO.output(LED_DP, True)
71  time.sleep(3)
72
73  #显示数字4
74  GPIO.output(LED_A, True)
75  GPIO.output(LED_B, False)
76  GPIO.output(LED_C, False)
77  GPIO.output(LED_D, True)
78  GPIO.output(LED_E, True)
79  GPIO.output(LED_F, False)
80  GPIO.output(LED_G, False)
81  GPIO.output(LED_DP, True)
82  time.sleep(3)
83
84  #显示数字5
85  GPIO.output(LED_A, False)
86  GPIO.output(LED_B, True)
87  GPIO.output(LED_C, False)
88  GPIO.output(LED_D, False)
89  GPIO.output(LED_E, True)
90  GPIO.output(LED_F, False)
91  GPIO.output(LED_G, False)
92  GPIO.output(LED_DP, True)
93  time.sleep(3)
94
95  #显示数字6
96  GPIO.output(LED_A, False)
97  GPIO.output(LED_B, True)
98  GPIO.output(LED_C, False)
99  GPIO.output(LED_D, False)
100 GPIO.output(LED_E, False)
```

图 4-6-11

```
101     GPIO.output(LED_F, False)
102     GPIO.output(LED_G, False)
103     GPIO.output(LED_DP, True)
104     time.sleep(3)
105
106     #显示数字7
107     GPIO.output(LED_A, False)
108     GPIO.output(LED_B, False)
109     GPIO.output(LED_C, False)
110     GPIO.output(LED_D, True)
111     GPIO.output(LED_E, True)
112     GPIO.output(LED_F, True)
113     GPIO.output(LED_G, True)
114     GPIO.output(LED_DP, True)
115     time.sleep(3)
116
117     #显示数字8
118     GPIO.output(LED_A, False)
119     GPIO.output(LED_B, False)
120     GPIO.output(LED_C, False)
121     GPIO.output(LED_D, False)
122     GPIO.output(LED_E, False)
123     GPIO.output(LED_F, False)
124     GPIO.output(LED_G, False)
125     GPIO.output(LED_DP, True)
126     time.sleep(3)
127
128     #显示数字9
129     GPIO.output(LED_A, False)
130     GPIO.output(LED_B, False)
131     GPIO.output(LED_C, False)
132     GPIO.output(LED_D, False)
133     GPIO.output(LED_E, True)
134     GPIO.output(LED_F, False)
135     GPIO.output(LED_G, False)
136     GPIO.output(LED_DP, True)
137     time.sleep(3)
138
139     GPIO.cleanup()
140
```

图 4-6-12

从运行结果可以看到，数字从 1 到 9 每个数字显示 3 秒后熄灭，如图 4-6-13 所示。

图 4-6-13

大家认真学习代码的写法，注意这里没有在每个数字亮 3 秒之后，设置为熄灭的动作，是因为接着需要显示下一个数字。另外其中的 GPIO.setwarnings(False)这一句代码的用途是不显示相关的一些警告信息的。试试看不写这行代码有什么效果？

4.7 控制双位数码管显示时间秒数

本节来学习如何控制双位数码管来显示时间的秒数（见图 4-7-1）。

4.7.1 电路原理

要使用一个电子元器件，首先是要掌握它的电路原理图，下面来看一下双位数码管的电路原理图，如图 4-7-2 所示。

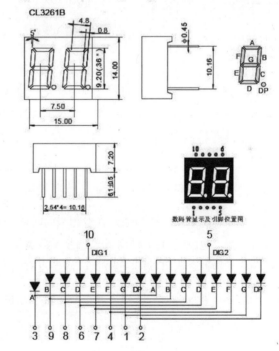

图 4-7-1　　　　　　　　　　图 4-7-2

这里关键看最下面的电路原理图

10 号引脚和 5 号引脚，分别是数码管第一个数字和第二个数字的公共阳极。如果要让数码管 1 的 A 管亮起来，需要 10 号引脚高电压，3 号引脚低电压；如果要让数码管 2 的 A 管亮起来，需要 5 号引脚高电压，3 号引脚低电压。

再看一种情况：

让数码管 1 的 A 管亮 B 管亮，同时让数码管 2 的 A 管不亮 B 管亮。

- 需要 10 号引脚高电压，3 号 9 号引脚低电压
- 需要 5 号引脚高电压，3 号高电压，9 号低电压

由于两个不同数码管的 A 管的阴极共用了 3 号引脚，这里就有冲突了，要让数码管亮起来，10 号和 5 号引脚必然是高电压。那么如果 2 个 A 管，一个要亮，另一个要不亮的时候，3 号引脚因为共用，所以就无法实现了。

那么解决这个问题的办法是什么呢？

4.7.2　刷新机制

大家知道，我们看的电影是由一张一张的静态图片连续播放来实现的，这是利用了人眼的视觉残留效应。也就是当光线进入人眼之后，会残留大约 0.04 秒，因此只要在 1 秒钟之内连续播放 25 张图片，人眼就认为是连续的动画。

我们家里常用的日光灯也是这个原理，日光灯并非是一直亮着的，而是在以很快的频率进行亮灭亮灭，当闪烁的频率达到每秒 25 次以上时，人眼就认为是一直亮着的。

我们可以利用这个原理，来实现两个数码管看起来同时显示不同的数字。方法就是对 3 号引脚的使用进行分时分配，也就是 0.01 秒用于数码管 1 的 A 管，然后接下来的 0.01 秒用于数码管 2 的 A 管。这样，1 秒钟之内可以刷新 50 次，确保没有闪烁感。

因此，3 号引脚就可以通过分时分配用于两个数码管了，也就是让两个数码管闪烁足够快来实现目标。

4.7.3 全部灯管接线

- 树莓派 GPIO 的 7 号口，用杜邦线连接到单位数码管的 10 号引脚
- 树莓派 GPIO 的 8 号口，用杜邦线连接到单位数码管的 5 号引脚
- 树莓派 GPIO 的 11 号口，用杜邦线连接到单位数码管的 3 号引脚
- 树莓派 GPIO 的 12 号口，用杜邦线连接到单位数码管的 9 号引脚
- 树莓派 GPIO 的 13 号口，用杜邦线连接到单位数码管的 8 号引脚
- 树莓派 GPIO 的 15 号口，用杜邦线连接到单位数码管的 6 号引脚
- 树莓派 GPIO 的 16 号口，用杜邦线连接到单位数码管的 7 号引脚
- 树莓派 GPIO 的 18 号口，用杜邦线连接到单位数码管的 4 号引脚
- 树莓派 GPIO 的 21 号口，用杜邦线连接到单位数码管的 1 号引脚
- 树莓派 GPIO 的 22 号口，用杜邦线连接到单位数码管的 2 号引脚

实际接线图如图 4-7-3 所示。

图 4-7-3

4.7.4 显示数字 01

首先做一个死循环：显示左边数字位 0—休眠 0.01 秒—关闭左边数字显示—显示右边数字 1—休眠 0.01 秒—关闭右边数字显示。

继续循环，也就是循环一次为 0.02 秒，那么 1 秒钟，需要循环大约 50 次。假设总共亮 3 秒钟，总共循环次数为 150 次。

要显示左边数字 0，则需要将 ABCDEF 管亮起来。

- 将 7 号口设置为 True，将 8 号口设置为 False，也就是右边先不亮。
- 将 11/12/13/15/16/18 设置为 False，21/22 设置为 True。
- 休眠 0.01 秒。
- 再将 7 号口设置为 False，8 号口设置为 True，也就是左边不亮，右边亮。

显示数字 1，需要将 BC 管亮起来。

- 需要 12/13 设置为 False，11/15/16/18/21/22 设置为 True

我们可以使用函数来分别定义从数字 0 和 1 的显示控制，编写代码如图 4-7-4 和图 4-7-5 所示。

```python
#coding=utf-8
#显示数字01，显示3秒钟
#作者：学哥    时间：2017/2/3
import RPi.GPIO as GPIO
import time

VCC1=7
VCC2=8
LED_A=11
LED_B=12
LED_C=13
LED_D=15
LED_E=16
LED_F=18
LED_G=21
LED_DP=22

#设置模式和输出端口
def init():
    GPIO.setwarnings(False)
    GPIO.setmode(GPIO.BOARD)
    GPIO.setup(VCC1, GPIO.OUT)
    GPIO.setup(VCC2, GPIO.OUT)
    GPIO.setup(LED_A, GPIO.OUT)
    GPIO.setup(LED_B, GPIO.OUT)
    GPIO.setup(LED_C, GPIO.OUT)
    GPIO.setup(LED_D, GPIO.OUT)
    GPIO.setup(LED_E, GPIO.OUT)
    GPIO.setup(LED_F, GPIO.OUT)
    GPIO.setup(LED_G, GPIO.OUT)
    GPIO.setup(LED_DP, GPIO.OUT)

#初始化，让所有灯熄灭
def reset():
    GPIO.output(VCC1, False)
    GPIO.output(VCC2, False)
    GPIO.output(LED_A, True)
    GPIO.output(LED_B, True)
    GPIO.output(LED_C, True)
    GPIO.output(LED_D, True)
    GPIO.output(LED_E, True)
    GPIO.output(LED_F, True)
    GPIO.output(LED_G, True)
    GPIO.output(LED_DP, True)

#显示左边或者右边
def showvcc(flag):
    if flag==1:
        #左边亮
        GPIO.output(VCC1, True)
```

图 4-7-4

```
51              GPIO.output(VCC2, False)
52          else:
53              #右边亮
54              GPIO.output(VCC1, False)
55              GPIO.output(VCC2, True)
56
57      #显示数字0
58      def shownum0():
59          GPIO.output(LED_A, False)
60          GPIO.output(LED_B, False)
61          GPIO.output(LED_C, False)
62          GPIO.output(LED_D, False)
63          GPIO.output(LED_E, False)
64          GPIO.output(LED_F, False)
65          GPIO.output(LED_G, True)
66          GPIO.output(LED_DP, True)
67
68      #显示数字1
69      def shownum1():
70          GPIO.output(LED_A, True)
71          GPIO.output(LED_B, False)
72          GPIO.output(LED_C, False)
73          GPIO.output(LED_D, True)
74          GPIO.output(LED_E, True)
75          GPIO.output(LED_F, True)
76          GPIO.output(LED_G, True)
77          GPIO.output(LED_DP, True)
78
79      #显示1个数字
80      def showonenum(flag,num):
81          if num==0:
82              shownum0()
83          elif num==1:
84              shownum1()
85          showvcc(flag)
86          time.sleep(0.01)
87
88      #开始运行
89      init()
90      reset()
91      c=0
92      while c<150:
93          numleft=0
94          numright=1
95          showonenum(1,numleft)
96          showonenum(2,numright)
97          c=c+1
98
99      GPIO.cleanup()
100
```

图 4-7-5

运行结果如图 4-7-6 所示。

图 4-7-6

4.7.5 显示当前时间秒数

要显示当前时间秒数，设置思路为：

（1）增加数字 2 到 9 的显示函数

（2）内部循环，根据 datetime 模块的 now 函数取得当前的秒数

（3）将秒数分成左边的数字和右边的数字，显示出来

我们假设总共循环 2 分钟，也就是 120 秒，大约总共循环次数为 6000 次，可以将死循环设置为循环 6000 次，编写代码如图 4-7-7 至图 4-7-10 所示。

```python
#coding=utf-8
#显示数字01,显示3秒种
#作者:学哥    时间: 2017/2/3
import RPi.GPIO as GPIO
import time
import datetime

VCC1=7
VCC2=8
LED_A=11
LED_B=12
LED_C=13
LED_D=15
LED_E=16
LED_F=18
LED_G=21
LED_DP=22

#设置模式和输出端口
def init():
    GPIO.setwarnings(False)
    GPIO.setmode(GPIO.BOARD)
    GPIO.setup(VCC1, GPIO.OUT)
    GPIO.setup(VCC2, GPIO.OUT)
    GPIO.setup(LED_A, GPIO.OUT)
    GPIO.setup(LED_B, GPIO.OUT)
    GPIO.setup(LED_C, GPIO.OUT)
    GPIO.setup(LED_D, GPIO.OUT)
    GPIO.setup(LED_E, GPIO.OUT)
    GPIO.setup(LED_F, GPIO.OUT)
    GPIO.setup(LED_G, GPIO.OUT)
    GPIO.setup(LED_DP, GPIO.OUT)

#初始化,让所有灯熄灭
def reset():
    GPIO.output(VCC1, False)
    GPIO.output(VCC1, False)
    GPIO.output(LED_A, True)
    GPIO.output(LED_B, True)
    GPIO.output(LED_C, True)
    GPIO.output(LED_D, True)
    GPIO.output(LED_E, True)
    GPIO.output(LED_F, True)
    GPIO.output(LED_G, True)
    GPIO.output(LED_DP, True)

#显示左边或者右边
def showvcc(flag):
    if flag==1:
        GPIO.output(VCC1, True)
```

图 4-7-7

```
51            GPIO.output(VCC2, False)
52        else:
53            GPIO.output(VCC2, True)
54            GPIO.output(VCC1, False)
55
56    #显示数字0
57    def shownum0():
58        GPIO.output(LED_A, False)
59        GPIO.output(LED_B, False)
60        GPIO.output(LED_C, False)
61        GPIO.output(LED_D, False)
62        GPIO.output(LED_E, False)
63        GPIO.output(LED_F, False)
64        GPIO.output(LED_G, True)
65        GPIO.output(LED_DP, True)
66
67    #显示数字1
68    def shownum1():
69        GPIO.output(LED_A, True)
70        GPIO.output(LED_B, False)
71        GPIO.output(LED_C, False)
72        GPIO.output(LED_D, True)
73        GPIO.output(LED_E, True)
74        GPIO.output(LED_F, True)
75        GPIO.output(LED_G, True)
76        GPIO.output(LED_DP, True)
77
78    #显示数字2
79    def shownum2():
80        GPIO.output(LED_A, False)
81        GPIO.output(LED_B, False)
82        GPIO.output(LED_C, True)
83        GPIO.output(LED_D, False)
84        GPIO.output(LED_E, False)
85        GPIO.output(LED_F, True)
86        GPIO.output(LED_G, False)
87        GPIO.output(LED_DP, True)
88
89    #显示数字3
90    def shownum3():
91        GPIO.output(LED_A, False)
92        GPIO.output(LED_B, False)
93        GPIO.output(LED_C, False)
94        GPIO.output(LED_D, False)
95        GPIO.output(LED_E, True)
96        GPIO.output(LED_F, True)
97        GPIO.output(LED_G, False)
98        GPIO.output(LED_DP, True)
99
```

图 4-7-8

```python
100  #显示数字4
101  def shownum4():
102      GPIO.output(LED_A, True)
103      GPIO.output(LED_B, False)
104      GPIO.output(LED_C, False)
105      GPIO.output(LED_D, True)
106      GPIO.output(LED_E, True)
107      GPIO.output(LED_F, False)
108      GPIO.output(LED_G, False)
109      GPIO.output(LED_DP, True)
110
111  #显示数字5
112  def shownum5():
113      GPIO.output(LED_A, False)
114      GPIO.output(LED_B, True)
115      GPIO.output(LED_C, False)
116      GPIO.output(LED_D, False)
117      GPIO.output(LED_E, True)
118      GPIO.output(LED_F, False)
119      GPIO.output(LED_G, False)
120      GPIO.output(LED_DP, True)
121
122  #显示数字6
123  def shownum6():
124      GPIO.output(LED_A, False)
125      GPIO.output(LED_B, True)
126      GPIO.output(LED_C, False)
127      GPIO.output(LED_D, False)
128      GPIO.output(LED_E, False)
129      GPIO.output(LED_F, False)
130      GPIO.output(LED_G, False)
131      GPIO.output(LED_DP, True)
132
133  #显示数字7
134  def shownum7():
135      GPIO.output(LED_A, False)
136      GPIO.output(LED_B, False)
137      GPIO.output(LED_C, False)
138      GPIO.output(LED_D, True)
139      GPIO.output(LED_E, True)
140      GPIO.output(LED_F, True)
141      GPIO.output(LED_G, True)
142      GPIO.output(LED_DP, True)
143
144  #显示数字8
145  def shownum8():
146      GPIO.output(LED_A, False)
147      GPIO.output(LED_B, False)
148      GPIO.output(LED_C, False)
149      GPIO.output(LED_D, False)
150      GPIO.output(LED_E, False)
151      GPIO.output(LED_F, False)
152      GPIO.output(LED_G, False)
```

图 4-7-9

```python
        GPIO.output(LED_DP, True)

#显示数字9
def shownum9():
    GPIO.output(LED_A, False)
    GPIO.output(LED_B, False)
    GPIO.output(LED_C, False)
    GPIO.output(LED_D, False)
    GPIO.output(LED_E, True)
    GPIO.output(LED_F, False)
    GPIO.output(LED_G, False)
    GPIO.output(LED_DP, True)

#显示1个数字
def showonenum(flag,num):
    if num==0:
        shownum0()
    elif num==1:
        shownum1()
    elif num==2:
        shownum2()
    elif num==3:
        shownum3()
    elif num==4:
        shownum4()
    elif num==5:
        shownum5()
    elif num==6:
        shownum6()
    elif num==7:
        shownum7()
    elif num==8:
        shownum8()
    elif num==9:
        shownum9()
    showvcc(flag)
    time.sleep(0.01)

#开始运行
init()
reset()
c=0
while c<6000:
    now = datetime.datetime.now()
    second = now.second
    numleft=second / 10
    numright=second % 10
    showonenum(1,numleft)
    showonenum(2,numright)
    c=c+1

GPIO.cleanup()
```

图 4-7-10

运行结果如图 4-7-11 所示。

图 4-7-11

4.8 将测量温度显示到数码管并同时示警

本节要将前面学会的知识进行融会贯通，进行组合，做出一个有完整功能的小产品：温控显示示警器。

前面学习了测量温度，温度超过数值响蜂鸣器，还学习了双位数码管显示两个数字，那么我们就将测量到的温度显示到数码管上，同时当温度超过某个数值时让蜂鸣器响起来。

4.8.1 电路原理

下面将之前的电路图再复习一遍，保留双位数码管的接口连接号码，然后修改温度传感器的连接口和蜂鸣器的连接口。电路接口设计如图 4-8-1 所示。

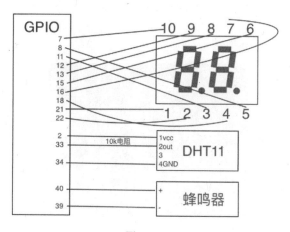

图 4-8-1

4.8.2 硬件连接

首先,将 3 个传感器插到面包板上,如图 4-8-2 所示。

图 4-8-2

然后,按照上面电路接口,用杜邦线进行连接,如图 4-8-3 所示。

图 4-8-3

全部线都接好后如图 4-8-4 所示。

图 4-8-4

4.8.3 编写程序

以 4.7 节的双位数码管程序为基础,将测量温度的代码加入,重新整理。

假设总共循环两分钟,也就是 120 秒,大约总共循环次数为 6000 次。循环一次为 0.02 秒,那么 1 秒钟,需要循环大约 50 次。间隔 5 秒钟,测量一次温度,也就是循环 250 次,就测量一次温度,全部代码如图 4-8-5~4-8-10 所示。

```
1  #coding=utf-8
2  #将温度显示出来并判断示警
3  #作者:学哥  时间:2017/2/18
4  import RPi.GPIO as GPIO
5  import time
6  import datetime
7
8  VCC1=7
9  VCC2=8
10 LED_A=11
11 LED_B=12
12 LED_C=13
13 LED_D=15
14 LED_E=16
15 LED_F=18
16 LED_G=21
17 LED_DP=22
18
19 channel = 33
20 PIN_NO = 40
21
22 #定义蜂鸣器鸣叫函数
23 def beep(seconds):
24     GPIO.output(PIN_NO, True)
25     time.sleep(seconds)
26     GPIO.output(PIN_NO, False)
27
28 def beepAction(secs, sleepsecs, times):
29     for i in range(times):
30         beep(secs)
31         time.sleep(sleepsecs)
32
33 #设置模式和输出端口
34 def init():
35     GPIO.setwarnings(False)
36     GPIO.setmode(GPIO.BOARD)
37     GPIO.setup(VCC1, GPIO.OUT)
38     GPIO.setup(VCC2, GPIO.OUT)
39     GPIO.setup(LED_A, GPIO.OUT)
40     GPIO.setup(LED_B, GPIO.OUT)
41     GPIO.setup(LED_C, GPIO.OUT)
42     GPIO.setup(LED_D, GPIO.OUT)
43     GPIO.setup(LED_E, GPIO.OUT)
44     GPIO.setup(LED_F, GPIO.OUT)
45     GPIO.setup(LED_G, GPIO.OUT)
46     GPIO.setup(LED_DP, GPIO.OUT)
47
48     GPIO.setup(PIN_NO, GPIO.OUT)
49     GPIO.output(PIN_NO, False)
50
```

图 4-8-5

```python
51  #初始化，让所有灯熄灭
52  def reset():
53      GPIO.output(VCC1, False)
54      GPIO.output(VCC1, False)
55      GPIO.output(LED_A, True)
56      GPIO.output(LED_B, True)
57      GPIO.output(LED_C, True)
58      GPIO.output(LED_D, True)
59      GPIO.output(LED_E, True)
60      GPIO.output(LED_F, True)
61      GPIO.output(LED_G, True)
62      GPIO.output(LED_DP, True)
63
64  #显示左边或者右边
65  def showvcc(flag):
66      if flag==1:
67          GPIO.output(VCC1, True)
68          GPIO.output(VCC2, False)
69      else:
70          GPIO.output(VCC2, True)
71          GPIO.output(VCC1, False)
72
73  #显示数字0
74  def shownum0():
75      GPIO.output(LED_A, False)
76      GPIO.output(LED_B, False)
77      GPIO.output(LED_C, False)
78      GPIO.output(LED_D, False)
79      GPIO.output(LED_E, False)
80      GPIO.output(LED_F, False)
81      GPIO.output(LED_G, True)
82      GPIO.output(LED_DP, True)
83
84  #显示数字1
85  def shownum1():
86      GPIO.output(LED_A, True)
87      GPIO.output(LED_B, False)
88      GPIO.output(LED_C, False)
89      GPIO.output(LED_D, True)
90      GPIO.output(LED_E, True)
91      GPIO.output(LED_F, True)
92      GPIO.output(LED_G, True)
93      GPIO.output(LED_DP, True)
94
95  #显示数字2
96  def shownum2():
97      GPIO.output(LED_A, False)
98      GPIO.output(LED_B, False)
99      GPIO.output(LED_C, True)
100     GPIO.output(LED_D, False)
```

图 4-8-6

```
101         GPIO.output(LED_E, False)
102         GPIO.output(LED_F, True)
103         GPIO.output(LED_G, False)
104         GPIO.output(LED_DP, True)
105
106     #显示数字3
107     def shownum3():
108         GPIO.output(LED_A, False)
109         GPIO.output(LED_B, False)
110         GPIO.output(LED_C, False)
111         GPIO.output(LED_D, False)
112         GPIO.output(LED_E, True)
113         GPIO.output(LED_F, True)
114         GPIO.output(LED_G, False)
115         GPIO.output(LED_DP, True)
116
117     #显示数字4
118     def shownum4():
119         GPIO.output(LED_A, True)
120         GPIO.output(LED_B, False)
121         GPIO.output(LED_C, False)
122         GPIO.output(LED_D, True)
123         GPIO.output(LED_E, True)
124         GPIO.output(LED_F, False)
125         GPIO.output(LED_G, False)
126         GPIO.output(LED_DP, True)
127
128     #显示数字5
129     def shownum5():
130         GPIO.output(LED_A, False)
131         GPIO.output(LED_B, True)
132         GPIO.output(LED_C, False)
133         GPIO.output(LED_D, False)
134         GPIO.output(LED_E, True)
135         GPIO.output(LED_F, False)
136         GPIO.output(LED_G, False)
137         GPIO.output(LED_DP, True)
138
139     #显示数字6
140     def shownum6():
141         GPIO.output(LED_A, False)
142         GPIO.output(LED_B, True)
143         GPIO.output(LED_C, False)
144         GPIO.output(LED_D, False)
145         GPIO.output(LED_E, False)
146         GPIO.output(LED_F, False)
147         GPIO.output(LED_G, False)
148         GPIO.output(LED_DP, True)
149
150     #显示数字7
```

图 4-8-7

```
151   def shownum7():
152       GPIO.output(LED_A, False)
153       GPIO.output(LED_B, False)
154       GPIO.output(LED_C, False)
155       GPIO.output(LED_D, True)
156       GPIO.output(LED_E, True)
157       GPIO.output(LED_F, True)
158       GPIO.output(LED_G, True)
159       GPIO.output(LED_DP, True)
160
161   #显示数字8
162   def shownum8():
163       GPIO.output(LED_A, False)
164       GPIO.output(LED_B, False)
165       GPIO.output(LED_C, False)
166       GPIO.output(LED_D, False)
167       GPIO.output(LED_E, False)
168       GPIO.output(LED_F, False)
169       GPIO.output(LED_G, False)
170       GPIO.output(LED_DP, True)
171
172   #显示数字9
173   def shownum9():
174       GPIO.output(LED_A, False)
175       GPIO.output(LED_B, False)
176       GPIO.output(LED_C, False)
177       GPIO.output(LED_D, False)
178       GPIO.output(LED_E, True)
179       GPIO.output(LED_F, False)
180       GPIO.output(LED_G, False)
181       GPIO.output(LED_DP, True)
182
183   #显示1个数字
184   def showonenum(flag,num):
185       if num==0:
186           shownum0()
187       elif num==1:
188           shownum1()
189       elif num==2:
190           shownum2()
191       elif num==3:
192           shownum3()
193       elif num==4:
194           shownum4()
195       elif num==5:
196           shownum5()
197       elif num==6:
198           shownum6()
199       elif num==7:
200           shownum7()
```

图 4-8-8

```python
201         elif num==8:
202             shownum8()
203         elif num==9:
204             shownum9()
205         showvcc(flag)
206         time.sleep(0.01)
207
208 #获取温度函数
209 def gettmp():
210     #读取温度
211     data = []
212     j = 0
213     #休息一秒开始工作
214     #time.sleep(1)
215     #设置GPIO接口为写入数据方式
216     GPIO.setup(channel, GPIO.OUT)
217     #先给一个低电压信号
218     GPIO.output(channel, GPIO.LOW)
219     time.sleep(0.02)
220     #0.02秒之后给一个高电压信号，启动温度测量
221     GPIO.output(channel, GPIO.HIGH)
222     #设置GPIO接口为读取数据方式
223     GPIO.setup(channel, GPIO.IN)
224     #循环等待，直到读取到一个高电压信号
225     while GPIO.input(channel) == GPIO.LOW:
226         continue
227     #循环等待，直到读取到一个低电压信号
228     while GPIO.input(channel) == GPIO.HIGH:
229         continue
230     #以上两个先高后低电压信号读取之后，说明可以开始读取实际温度数据了
231     while j < 40:
232         k = 0
233         while GPIO.input(channel) == GPIO.LOW:
234             continue
235         while GPIO.input(channel) == GPIO.HIGH:
236             k += 1
237             if k > 100:
238                 break
239         #实际温度数据放到list中
240         if k < 8:
241             data.append(0)
242         else:
243             data.append(1)
244
245         j += 1
246     #温度数据读取完毕，打印出来看看
247     #print "sensor is working."
248     #print data
249     #根据返回数据定义，解析数据
250     humidity_bit = data[0:8]
```

图 4-8-9

```
251        humidity_point_bit = data[8:16]
252        temperature_bit = data[16:24]
253        temperature_point_bit = data[24:32]
254        check_bit = data[32:40]
255
256        humidity = 0
257        humidity_point = 0
258        temperature = 0
259        temperature_point = 0
260        check = 0
261        #根据公式定义，解析温度数据和湿度数据
262        for i in range(8):
263            humidity += humidity_bit[i] * 2 ** (7-i)
264            humidity_point += humidity_point_bit[i] * 2 ** (7-i)
265            temperature += temperature_bit[i] * 2 ** (7-i)
266            temperature_point += temperature_point_bit[i] * 2 ** (7-i)
267            check += check_bit[i] * 2 ** (7-i)
268
269        tmp = humidity + humidity_point + temperature + temperature_point
270        #打印温度数据和湿度数据
271        if check == tmp:
272            print "temperature :", temperature, "*C, humidity :", humidity, "%"
273        else:
274            #print "wrong"
275            print "temperature :", temperature, "*C, humidity :", humidity, "% check :", check, ", tmp :", tmp
276            temperature = -1
277        return temperature
278
279    #开始运行
280    init()
281    reset()
282    c=0
283    tmp=0
284    while c<6000:
285        if c % 250 == 0:
286            temperature=gettmp()
287            if temperature > 20:
288                print "temperature > 20 *C, beepAction"
289                #如果温度大于20度，报警
290                beepAction(0.1, 0.1, 10)
291            if temperature > 0:
292                tmp=temperature
293            numleft=tmp / 10
294            numright=tmp % 10
295            showonenum(1,numleft)
296            showonenum(2,numright)
297
298        c=c+1
299
300    GPIO.cleanup()
```

图 4-8-10

运行结果如图 4-8-11 所示。

```
pi@aspberrypi:~ $ sudo python led_tmp_beep.py
temperature : 19 *C, humidity : 85 % check : 103 , tmp : 106
temperature : 19 *C, humidity : 84 %
temperature : 19 *C, humidity : 84 % check : 79 , tmp : 103
temperature : 19 *C, humidity : 85 %
temperature : 20 *C, humidity : 87 %
temperature : 20 *C, humidity : 89 %
temperature : 20 *C, humidity : 90 %
temperature : 20 *C, humidity : 91 % check : 191 , tmp : 112
temperature : 17 *C, humidity : 91 % check : 112 , tmp : 108
temperature : 21 *C, humidity : 91 %
temperature > 20 *C, beepAction
temperature : 21 *C, humidity : 91 %
temperature > 20 *C, beepAction
temperature : 21 *C, humidity : 89 %
temperature > 20 *C, beepAction
temperature : 21 *C, humidity : 84 %
temperature > 20 *C, beepAction
temperature : 20 *C, humidity : 79 %
temperature : 20 *C, humidity : 72 %
```

图 4-8-11

用手掌捏住温度传感器可以让温度缓慢上升，当大于 20 度时，可以听到蜂鸣器发出声音，如图 4-8-12 所示。

图 4-8-12

本节主要是将之前的几节内容全部融合到一起，需要先理解掌握了前面的内容，才能理解掌握这节课的内容。如果能够在前面课程的基础上，自己不看代码，独立完成，你的 Python 和树莓派已经入门了。

博文视点诚邀精锐作者加盟

《C++Primer（中文版）（第5版）》、《淘宝技术这十年》、《代码大全》、《Windows内核情景分析》、《加密与解密》、《编程之美》、《VC++深入详解》、《SEO实战密码》、《PPT演义》……

"圣经"级图书光耀夺目，被无数读者朋友奉为案头手册传世经典。

潘爱民、毛德操、张亚勤、张宏江、昝辉Zac、李刚、曹江华……

"明星"级作者济济一堂，他们的名字熠熠生辉，与IT业的蓬勃发展紧密相连。

十年的开拓、探索和励精图治，成就**博**古通今、**文**圆质方、**视**角独特、**点**石成金之计算机图书的风向标杆：博文视点。

"凤翱翔于千仞兮，非梧不栖"，博文视点欢迎更多才华横溢、锐意创新的作者朋友加盟，与大师并列于IT专业出版之巅。

英雄帖

江湖风云起，代有才人出。
IT界群雄并起，逐鹿中原。
博文视点诚邀天下技术英豪加入，
指点江山，激扬文字
传播信息技术，分享IT心得

● 专业的作者服务 ●

博文视点自成立以来一直专注于IT专业技术图书的出版，拥有丰富的与技术图书作者合作的经验，并参照IT技术图书的特点，打造了一支高效运转、富有服务意识的编辑出版团队。我们始终坚持：

善待作者——我们会把出版流程整理得清晰简明，为作者提供优厚的稿酬服务，解除作者的顾虑，安心写作，展现出最好的作品。

尊重作者——我们尊重每一位作者的技术实力和生活习惯，并会参照作者实际的工作、生活节奏，量身制定写作计划，确保合作顺利进行。

提升作者——我们打造精品图书，更要打造知名作者。博文视点致力于通过图书提升作者的个人品牌和技术影响力，为作者的事业开拓带来更多的机会。

联系我们

博文视点官网：http://www.broadview.com.cn CSDN官方博客：http://blog.csdn.net/broadview2006/
投稿电话：010-51260888 88254368 投稿邮箱：jsj@phei.com.cn

反侵权盗版声明

电子工业出版社依法对本作品享有专有出版权。任何未经权利人书面许可，复制、销售或通过信息网络传播本作品的行为；歪曲、篡改、剽窃本作品的行为，均违反《中华人民共和国著作权法》，其行为人应承担相应的民事责任和行政责任，构成犯罪的，将被依法追究刑事责任。

为了维护市场秩序，保护权利人的合法权益，我社将依法查处和打击侵权盗版的单位和个人。欢迎社会各界人士积极举报侵权盗版行为，本社将奖励举报有功人员，并保证举报人的信息不被泄露。

举报电话：（010）88254396；（010）88258888

传　　真：（010）88254397

E-mail：dbqq@phei.com.cn

通信地址：北京市万寿路173信箱　电子工业出版社总编办公室

邮　　编：100036